厂站电力监控系统网络安全监测装置部署

操作指南

国家电力调度控制中心　编

U0381711

中国电力出版社
CHINA ELECTRIC POWER PRESS

内 容 提 要

《厂站电力监控系统网络安全监测部署操作指南》一书是专为实施电力监控系统网络安全监测、动态管控而精心编写的。全书主要包括装置部署原则、装置监测对象接入原则、职责分工及工作流程、装置部署准备、装置单体调试、监测对象接入调试、平台接入调试、竣工验收，以及典型变电站监控系统的部署操作等内容。

本书可供厂站电力监控系统规划设计、施工安装、运行人员阅读，也可供技术学院在校师生参考，还可供涉网电力监控系统安全防护管理和技术人员提高业务水平参考。

图书在版编目（CIP）数据

厂站电力监控系统网络安全监测装置部署操作指南 / 国家电力调度控制中心编 . —北京：中国电力出版社，2020.7
ISBN 978-7-5198-4713-5

Ⅰ . ①厂… Ⅱ . ①国… Ⅲ . ①电力监控系统–网络安全–自动化监测系统–指南 Ⅳ . ①TM73-62

中国版本图书馆 CIP 数据核字（2020）第 103496 号

出版发行：中国电力出版社
地　　址：北京市东城区北京站西街 19 号（邮政编码 100005）
网　　址：http://www.cepp.sgcc.com.cn
责任编辑：周秋慧（010-63412627，qiuhui-zhou@sgcc.com.cn）
责任校对：黄　蓓　李　楠
装帧设计：郝晓燕
责任印制：石　雷

印　　刷：三河市万龙印装有限公司
版　　次：2020 年 7 月第一版
印　　次：2020 年 7 月北京第一次印刷
开　　本：787 毫米×1092 毫米　16 开本
印　　张：16.25
字　　数：339 千字
印　　数：0001—3000 册
定　　价：115.00 元

版 权 专 有　侵 权 必 究

本书如有印装质量问题，我社营销中心负责退换

编 委 会

主　任　周劼英
副主任　詹　雄　张　晓　王国欢
委　员　应忠德　汪　明　马金辉　罗　诚　霍雪松
　　　　管　羡　王　丹　马　斌　杨　鹏

编 写 组

主　　编　陈明亮
副主编　李　斌　粟维勋　王黎明　张　瑛
编写成员　谢国强　桂小智　陈　鹏　向　恺　陈　伟
　　　　　裴　培　刘　勇　周启扬　罗伟强　邓喆夫
　　　　　张朋丰　朱　江　江　凯　贾鹏洲　孔飘红
　　　　　汤　超　郑铁军　金学奇　刘　栋　高　峰
　　　　　贺建伟　金明辉　张贻乐　张志军　宁志言
　　　　　冯思博　邵立嵩　马乔宇　李牧野　徐项帅
　　　　　杜　鹏

前　言

　　近年来，网络安全威胁日益突出，相继发生了乌克兰大面积停电事件、美国东部互联网服务瘫痪、勒索病毒全球爆发等网络安全事件。电力系统已成为网络战重要攻击目标，电力监控系统的网络安全形势异常严峻。国家对网络安全的要求越来越高，《中华人民共和国网络安全法》规定，"采取监测、记录网络运行状态、网络安全事件的技术措施"，对网络安全监测提出了明确要求。同时，国家发展改革委颁布的《电力监控系统安全防护规定》（2014 年第 14 号令）和国家能源局发布的《关于印发电力监控系统安全防护总体方案等安全防护方案和评估规范的通知》（国能安全〔2015〕36 号）等文件也对网络安全防护做了明确的规定。

　　各类网络安全事件，总是从接触、控制的第一台设备开始发展、蔓延。为全面监控电力监控系统网络空间内主机设备、网络设备、安防设施等设备上的安全行为，维护厂站电力监控系统安全防护体系的强健性，实现网络安全监测和动态管控，国家电网有限公司（简称公司）在公司系统范围内开展了网络安全监测装置部署工作。

　　本书以问题为导向，以实际现场部署经验为基础，整合公司不同单位、不同现场、不同环境下九类监控系统和七类电厂部署情况提炼和凝聚而成，对装置部署原则、装置监测对象接入原则、职责分工及工作流程、装置部署准备、装置单体调试、监测对象接入调试、平台接入调试、竣工验收等方面进行了详细介绍。本书有助于厂站电力监控系统网络安全监测装置的建设，对涉网电力监控系统安全防护管理和技术人员整体业务水平可产生促进作用。

　　本书由国家电力调度控制中心编写，在编写过程中得到国网江西、江苏、湖南、安徽、山东、河南、河北、浙江、上海、宁夏电力，以及南京南瑞信息通信科技有限公司、北京科东电力控制系统有限责任公司的大力支持，在此，对各单位给予的帮助和指导表示诚挚的谢意，对各单位付出的艰辛劳动表示深深的敬意！

因编者水平有限，本书难以涵盖厂站电力监控系统网络安全监测部署操作全部内容，且随着技术的不断发展，需要在今后加以完善。书中难免存在疏漏和不足，敬请各位读者给予批评指正。

编　者

2020 年 5 月

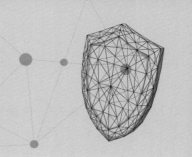

目　　录

1 范　围

　　本指南描述了电力监控系统网络安全监测装置（Ⅱ型）（简称监测装置）在厂站的部署原则、监测对象接入原则、职责分工、部署流程及各阶段要求等。

　　本指南适用于监测装置在厂站的现场部署、接入相应调控机构网络安全管理平台（简称平台）的调试及验收工作，适用厂站包括各电压等级变电站（包括开关站、换流站）和各类并网电厂。

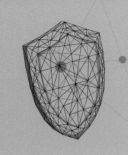

2 术 语 与 定 义

2.1 电力监控系统 electric power supervisory and control system

用于监视和控制电力生产及供应过程的、基于计算机及网络技术的业务系统及智能设备，以及作为基础支撑的通信及数据网络等。

2.2 网络安全管理平台 cyber security management platform

由安全核查、安全监视及告警、安全审计、安全分析等功能构成，能够对电力监控系统的安全风险和安全事件进行实时的监视和在线的管理。

2.3 网络安全监测装置 cyber security monitoring device

部署于电力监控系统局域网网络中，用于对监测对象的网络安全信息采集，为网络安全管理平台上传事件并提供服务代理功能。根据性能差异分为Ⅰ型网络安全监测装置和Ⅱ型网络安全监测装置两种。其中，本指南针对的Ⅱ型网络安全监测装置采用中等性能处理器，可接入 500 个监测对象，主要用于厂站侧。

2.4 智能变电站 smart substation

采用先进、可靠、集成、低碳、环保的智能设备，以全站信息数字化、通信平台网络化、信息共享标准化为基本要求，自动完成信息采集、测量、控制、保护、计量和监测等基本功能，并可根据需要支持电网实时自动控制、智能调节、在线分析决策、协同互动等高级功能的变电站。

2.5 数据通信网关机 communication gateway

一种通信装置，可以实现智能变电站与调度、生产等主站系统之间的通信，为主站系统实现智能变电站监视控制、信息查询和远程浏览等功能提供数据、模型和图形的传输服务。

2.6 综合应用服务器 comprehensive application server

实现与状态监测、计量、电源、消防、安全防护和环境监测等设备（子系统）的信息通信。通过综合分析和统一展示，实现一次设备在线监测和辅助设备的运行监视、控制与管理。

2.7 数据服务器 data server

实现智能变电站全景数据的集中存储，为各类应用提供统一的数据查询和访问服务。

2.8 计划管理终端 scheduled manage terminal

配备安全文件网关的人机终端，实现调度计划、检修工作票、保护定值单等管理功能。

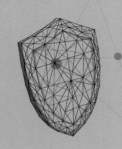

3 装 置 部 署 原 则

3.1 装置部署典型拓扑

根据厂站实际网络拓扑,可分三种部署方式。

3.1.1 方式一:安全Ⅰ区、Ⅱ区通过防火墙互联

在厂站安全Ⅱ区部署 1 台监测装置,采集安全Ⅱ区和安全Ⅰ区设备告警信息,通过调度数据网非实时业务通道上传主站,网络拓扑图如图 3.1-1 所示。

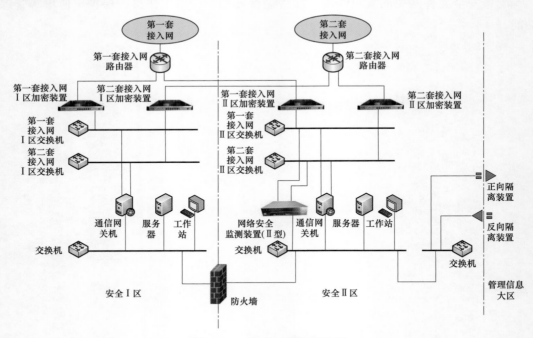

图 3.1-1 方式一网络拓扑图

3.1.2 方式二:安全Ⅰ区、Ⅱ区无防火墙连接

在厂站安全Ⅰ区、Ⅱ区各部署 1 台监测装置,分别采集安全Ⅰ区和安全Ⅱ区的设备

信息，通过调度数据网实时和非实时业务通道上传主站，网络拓扑图如图3.1-2所示。

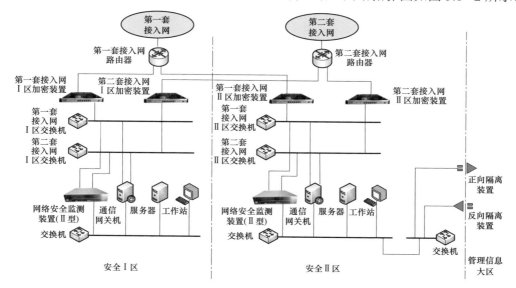

图 3.1-2 方式二网络拓扑图

对于并网电厂安全Ⅰ区、Ⅱ区采用强隔离方式（正向隔离或物理隔离）的可采用此方式。

3.1.3 方式三：无安全Ⅱ区

部分简易厂站无安全Ⅱ区，在厂站安全Ⅰ区部署1台监测装置，采集安全Ⅰ区设备告警信息，通过调度数据网实时业务通道上传主站，网络拓扑图如图3.1-3所示。

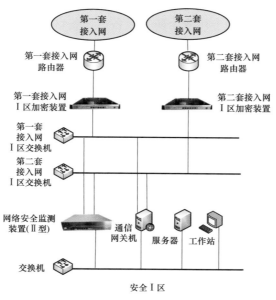

图 3.1-3 方式三网络拓扑图

3.2 装置监测范围

在变电站、并网电厂部署的监测装置应支持对主机设备（服务器、工作站及装置）、网络设备、安全防护设备等监测对象进行数据采集，此外，监测装置还应支持资产配置以外的监测对象的数据采集。

3.2.1 主机设备安全事件采集

主机设备安全事件由可信计算安全模块和主机监测程序（简称 AGENT）产生，并通过监测装置传输至平台。安全事件包括用户登录信息、操作行为信息、网络连接信息、系统配置信息、权限变更信息、硬件配置信息、硬件状态信息、系统运行信息、外设接入信息、平台核查指令信息。

3.2.2 网络设备安全事件采集

监测装置通过 SNMP、SNMP Trap 和 GB/T 31992《电力系统通用告警格式》协议实现网络设备安全事件感知，并传输至平台。网络设备安全事件包括：① 局域网内交换机设备、连接交换机的活跃设备等网络设备拓扑信息；② 在线时长、CPU 利用率、内存利用率、网口状态、网络连接情况等网络设备运行信息；③ 设备接入、各硬件模块故障等安全事件信息；④ 用户登录、用户退出、用户操作等行为信息。

3.2.3 安全防护设备安全事件采集

通用安全防护设备及电力专用安全防护设备由设备自身实现安全事件感知，并通过监测装置传输至平台。安全防护设备安全事件包括设备自身策略的安全事件、配置信息及运行信息、操作信息。

4 装置监测对象接入原则

4.1 总体原则

（1）生产控制大区的涉网站控层主机设备、网络设备和安全防护设备（含生产控制大区边界的安全防护设备），均需接入监测装置。

（2）对于无法实现接入的各类设备，应结合技改或大修项目等方式实现设备更换接入。

（3）涉网站控层各类设备相应要求如下：

1）主机设备。凡满足 AGENT 技术条件的主机设备，必须接入监测装置。AGENT 必须经过中国电科院检测，检测结果在中国电科院官网（http://www. epri.sgcc.com.cn/）"试验检测—电子公告"中。

2）网络设备。所涉网络设备仅限站控层交换机。设备需要满足 SNMP V2c 或 V3 协议，如果不满足，则需要进行版本升级或更换。对于满足 SNMP V2c 或 V3 协议的网络设备但不能完全满足 Q/GDW 11914—2018《电力监控系统网络安全监测装置技术规范》时，需由网络设备厂商进行私有 MIB 的开发。

3）安全防护设备。设备日志应遵循 Q/GDW 11914—2018，如遇安全防护设备自身日志协议程序版本过于老旧，需要统一由安全防护设备厂商提供满足 Q/GDW 11914—2018 安全防护设备的日志规范的插件。

（4）各级厂站宜利用监测装置的本地图形化管理 UI 界面（现场监视功能），实现厂站内部网络安全的就地监视。

（5）并网电厂在遵循变电站部署原则的基础上，还需遵循：

1）并网电厂应将涉网区域的主机设备、网络设备及安全防护设备接入并转发调控机构平台，设备定义即所有与调度数据网有直接或间接网络连接的设备，各类并网电厂涉网区域见 4.3 "并网电厂"。

2）并网电厂宜将厂站内可接入的主机设备、网络设备及安全防护设备均纳入监视范围，实现全厂就地监视。

4.2 变电站

根据各类变电站拓扑结构,分为智能变电站、常规变电站、换流站三种。

4.2.1 智能变电站

智能变电站监控系统站控层设备主要包括监控主机、数据通信网关机、数据服务器、综合应用服务器、操作员工作站、工程师工作站、PMU 数据集中器和计划管理终端等。

智能变电站监控系统如图 4.2-1 所示。

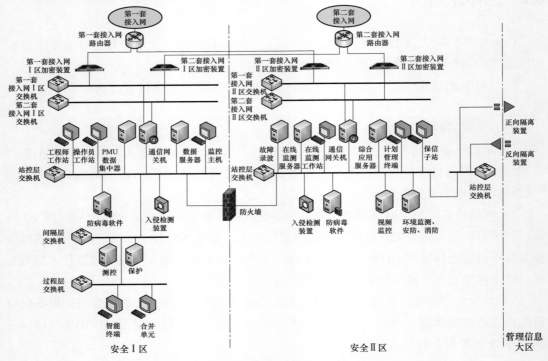

图 4.2-1 智能变电站监控系统示意图

智能变电站典型监测对象见表 4.2-1。

表 4.2-1　　　　　　　　　　智能变电站典型监测对象表

对象名称	设备类型	备注
监控主机	主机设备	
数据通信网关机	主机设备	包含装置类设备
数据服务器	主机设备	
综合应用服务器	主机设备	
操作员工作站	主机设备	包含五防工作站
工程师工作站	主机设备	

对象名称	设备类型	备　注
PMU 数据集中器	主机设备	包含装置类设备
电能量采集装置	主机设备	包含装置类设备
计划管理终端	主机设备	
故障录波	主机设备	
保信子站	主机设备	
在线监测服务器、工作站	主机设备	
Ⅰ区站控层 A 网交换机	网络设备	
Ⅰ区站控层 B 网交换机	网络设备	
Ⅱ区站控层 A 网交换机	网络设备	
Ⅱ区站控层 B 网交换机	网络设备	
安全Ⅰ区与安全Ⅱ区防火墙	安全防护设备	
安全Ⅱ区与安全Ⅲ区正向隔离	安全防护设备	
安全Ⅱ区与安全Ⅲ区反向隔离	安全防护设备	

4.2.2　常规变电站

常规变电站监控系统站控层设备包括监控主机、数据通信网关机、操作员站、"五防"主机、工程师工作站、PMU 数据集中器和计划管理终端等。

常规变电站监控系统如图 4.2-2 所示。

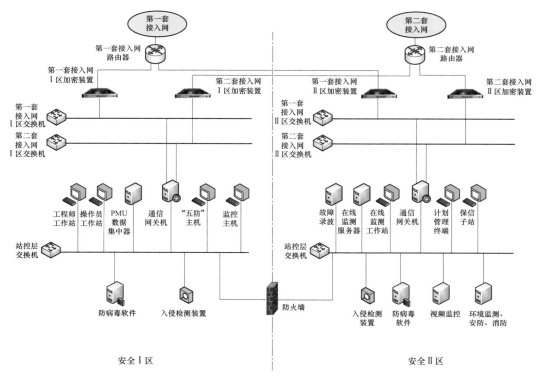

图 4.2-2　常规变电站监控系统示意图

常规变电站典型监测对象见表 4.2-2。

表 4.2-2   常规变电站典型监测对象表

对象名称	设备类型	备 注
监控主机	主机设备	
数据通信网关机	主机设备	包含装置类设备
操作员站	主机设备	
"五防"主机	主机设备	
工程师工作站	主机设备	
PMU 数据集中器	主机设备	包含装置类设备
电能量采集装置	主机设备	包含装置类设备
计划管理终端	主机设备	
故障录波	主机设备	
保信子站	主机设备	
在线监测服务器、工作站	主机设备	
I区站控层 A 网交换机	网络设备	
I区站控层 B 网交换机	网络设备	
II区站控层 A 网交换机	网络设备	
II区站控层 B 网交换机	网络设备	
安全I区与安全II区防火墙	安全防护设备	

4.2.3 换流站

换流站监控系统由直流控保系统、远动工作站、图形网关机、运行人员工作站、工程师工作站、SCADA 服务器、电能量计量装置、保信子站及其工作站、故障录波及其工作站、检修计划工作站、培训工作站、一体化在线监测系统、图像监视系统、直流故障线路定位系统、蓄电池监测系统、环境监测系统、火灾监测系统、接地极在线监测系统等。

换流站监控系统如图 4.2-3 所示。

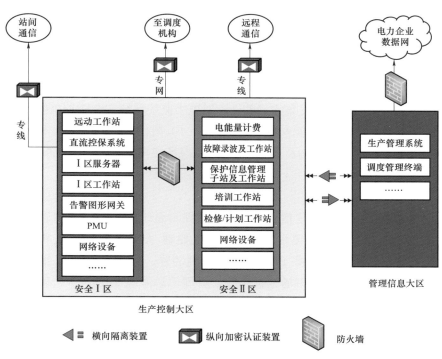

图 4.2-3　直流换流站监控系统示意图

换流站典型监测对象见表 4.2-3。

表 4.2-3　　　　　　　　　换流站典型监测对象表

对象名称	设备类型	备　注
远动工作站	主机设备	
运行人员工作站	主机设备	
工程师工作站	主机设备	
培训工作站	主机设备	
检修/计划工作站	主机设备	
远程诊断工作站	主机设备	
文件服务器	主机设备	
SCADA/历史服务器	主机设备	
告警图形网关机	主机设备	
PMU 数据集中器	主机设备	包含装置类设备
电能量采集装置	主机设备	包含装置类设备
故障录波	主机设备	
保信子站	主机设备	
I区站控层交换机	网络设备	
Ⅱ区站控层交换机	网络设备	
安全I区与安全Ⅱ区防火墙	安全防护设备	
安全 I 区内部防火墙	安全防护设备	

4.3 并网电厂

按照并网电厂类型，可分为火电厂、燃机电厂、水电厂、风电场、光伏电站、储能电站、核电站。根据国家能源局发布的《关于印发电力监控系统安全防护总体方案等安全防护方案和评估规范的通知》（国能安全〔2015〕36 号）附件 4：《发电厂监控系统安全防护方案》，列举各类型电厂典型结构及典型监测对象，现场应根据实际情况判断具体监测对象。

4.3.1 火电厂

火电厂电力监控系统主要包括火电机组分散控制系统 DCS、电机组辅机控制系统、火电厂厂级信息监控系统、调速系统和自动发电控制 AGC、励磁系统和自动电压控制 AVC、网控系统、相量测量装置 PMU、自动控制装置、"五防"系统、继电保护、故障录波、电能量采集装置、电力市场报价终端、管理信息系统 MIS、报价辅助决策系统、检修管理系统、火灾报警系统等。其中，调速系统和自动发电控制 AGC、励磁系统和自动电压控制 AVC、网控系统、相量测量装置 PMU、继电保护、故障录波、电能量采集装置、电力市场报价终端属于涉网系统，应纳入监测范围并将告警信息上传至相关调控机构平台；其余系统可接入装告知实现电厂内部网络安全的就地监视。

火电厂监控系统如图 4.3－1 所示。

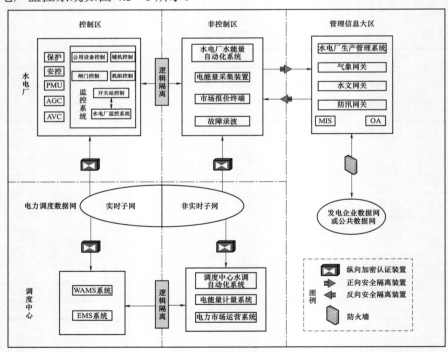

图 4.3－1　火电厂监控系统示意图

火电厂典型监测对象见表4.3-1。

表4.3-1   火电厂典型监测对象表

对象名称	设备类型	备　注
调速系统和自动发电控制AGC	主机设备、网络设备	
励磁系统和自动电压控制AVC	主机设备、网络设备	
网控系统	主机设备、网络设备、安全防护设备	
相量测量装置PMU	主机设备、网络设备	包含装置类设备
继电保护	主机设备、网络设备	
故障录波	主机设备、网络设备	
电能量采集装置	主机设备、网络设备	包含装置类设备
电力市场报价终端	主机设备、网络设备	

4.3.2 燃机电厂

燃机电厂电力监控系统主要包括燃机电厂厂级分散控制系统DCS、燃气轮机控制系统TCS、自动电压控制AVC、厂级信息监控系统、升压站监控系统、相量测量装置PMU、自动发电控制AGC、火警探测系统、电厂综合自动化系统、继电保护、故障录波、电能量采集装置、管理信息系统等。其中，升压站监控系统、自动电压控制AVC、相量测量装置PMU、自动发电控制AGC、电厂综合自动化系统、继电保护、故障录波、电能量采集装置属于涉网系统，应纳入监测范围并将告警信息上传至相关调控机构平台；其余系统可接入装告知实现电厂内部网络安全的就地监视。

燃机电厂监控系统如图4.3-2所示。

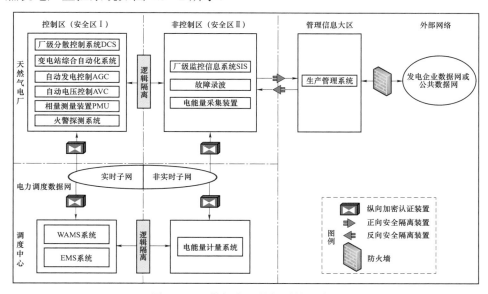

图4.3-2 燃机电厂监控系统示意图

燃机电厂典型监测对象见表 4.3-2。

表 4.3-2   燃机电厂典型监测对象表

对象名称	设备类型	备注
升压站监控系统	主机设备、网络设备、安全防护设备	
自动电压控制 AVC	主机设备、网络设备	
相量测量装置 PMU	主机设备、网络设备	包含装置类设备
自动发电控制 AGC	主机设备、网络设备	
电厂综合自动化系统	主机设备、网络设备、安全防护设备	
继电保护	主机设备、网络设备	
故障录波	主机设备、网络设备	
电能量采集装置	主机设备、网络设备	包含装置类设备

4.3.3 水电厂

水电厂电力监控系统主要包括调速系统和自动发电控制 AGC、励磁系统和自动电压控制 AVC、水电厂监控系统、梯级调度监控系统、网控系统、相量测量装置 PMU、自动控制装置、"五防"系统、继电保护、故障录波、梯级水库调度自动化系统、水情自动测报系统、水电厂水库调度自动化系统、电能量采集装置、电力市场报价终端、管理信息系统 MIS、雷电监测系统、气象信息系统、大坝自动监测系统、防汛信息系统、报价辅助决策系统、检修管理系统等。其中,水电厂监控系统、自动电压控制 AVC、相量测量装置 PMU、自动发电控制 AGC、继电保护、故障录波、电能量采集装置属于涉网系统,应纳入监测范围并将告警信息上传至相关调控机构平台;其余系统可接入装告知实现电厂内部网络安全的就地监视。

水电厂监控系统如图 4.3-3 所示。

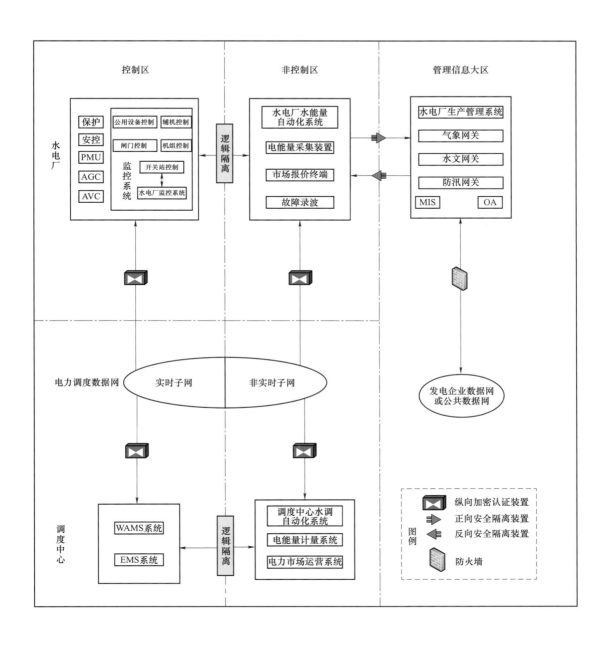

图 4.3-3　水电厂监控系统示意图

　　当水电厂监控系统与监控中心或梯级调度中心之间通过广域网络连接时，应当采取纵向加密认证措施进行安全防护。梯级水电厂监控系统如图4.3-4所示。

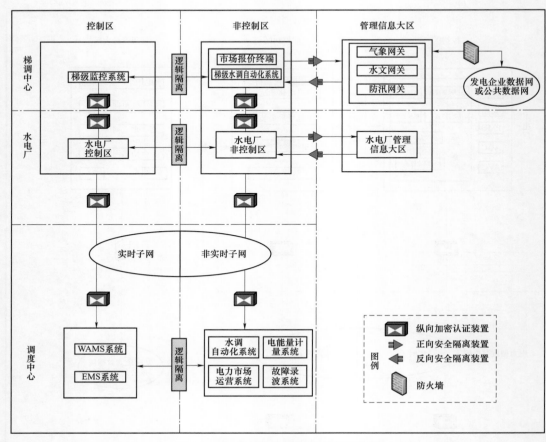

图 4.3－4　梯级水电厂监控系统示意图

水电厂典型监测对象见表 4.3－3。

表 4.3－3　　　　　　　　　　水电厂典型监测对象表

对象名称	设备类型	备　注
水电厂监控系统	主机设备、网络设备、安全防护设备	
自动电压控制 AVC	主机设备、网络设备	
相量测量装置 PMU	主机设备、网络设备	包含装置类设备
自动发电控制 AGC	主机设备、网络设备	
继电保护	主机设备、网络设备	
故障录波	主机设备、网络设备	
电能量采集装置	主机设备、网络设备	包含装置类设备

4.3.4　风电场

风电场电力监控系统包括风电场监控系统、无功电压控制、发电功率控制、自动电压控制 AVC、自动发电控制 AGC、变电站综合自动化系统、继电保护、相量测量装置 PMU、风功率预测系统、状态监测系统、电能量采集装置、故障录波等。其中，风电场监控系统、无功电压控制、发电功率控制、变电站综合自动化系统、相量测量装置 PMU、继电保护、故障录波、电能量采集装置、风功率预测系统、状态监测系统属于涉网系统，应纳入监测范围并将告警信息上传至相关调控机构平台；其余系统可接入装告知实现电厂内部网络安全的就地监视。

风电场监控系统如图 4.3-5 所示。

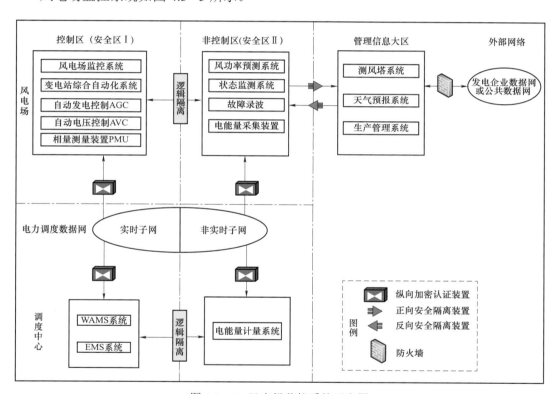

图 4.3-5　风电场监控系统示意图

风电场典型监测对象见表 4.3-4。

表 4.3-4　　　　　　　　　　　风电场典型监测对象表

对象名称	设备类型	备注
风电场监控系统	主机设备、网络设备、安全防护设备	
无功电压控制	主机设备、网络设备	

续表

对象名称	设备类型	备 注
发电功率控制	主机设备、网络设备	
变电站综合自动化系统	主机设备、网络设备、安全防护设备	
相量测量装置 PMU	主机设备、网络设备	包含装置类设备
继电保护	主机设备、网络设备	
故障录波	主机设备、网络设备	
电能量采集装置	主机设备、网络设备	包含装置类设备
风功率预测系统	主机设备、网络设备	
状态监测系统	主机设备、网络设备	

4.3.5 光伏电站

光伏电站监控系统主要包括光伏电站运行监控系统和自动发电控制 AGC、自动电压控制 AVC、相量测量装置 PMU、自动控制装置、"五防"系统、继电保护、故障录波、光伏功率预测系统、电能量采集装置、管理信息系统 MIS、雷电监测系统、气象信息系统、报价辅助决策系统、检修管理系统等。其中，自动发电控制 AGC、自动电压控制 AVC、光伏电站运行监控系统、相量测量装置 PMU、自动控制装置、继电保护、故障录波、电能量采集装置属于涉网系统，应纳入监测范围并将告警信息上传至相关调控机构平台；其余系统可接入装告知实现电厂内部网络安全的就地监视。

光伏电站监控系统如图 4.3-6 所示。

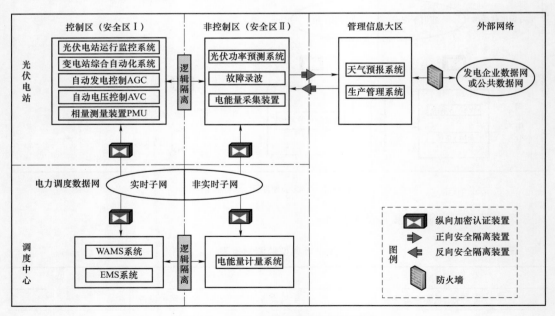

图 4.3-6 光伏电站监控系统示意图

光伏电站典型监测对象见表 4.3-5。

表 4.3-5 光伏电站典型监测对象表

对象名称	设备类型	备 注
自动发电控制功能	主机设备、网络设备	
自动电压控制功能	主机设备、网络设备	
光伏电站运行监控系统	主机设备、网络设备、安全防护设备	
相量测量装置 PMU	主机设备、网络设备	包含装置类设备
自动控制装置	主机设备、网络设备	
继电保护	主机设备、网络设备	
故障录波	主机设备、网络设备	
电能量采集装置	主机设备、网络设备	包含装置类设备

4.3.6 储能电站

储能电站电力监控系统包括升压站监控系统、自动发电控制 AGC、自动电压控制 AVC、继电保护、故障录波、相量测量装置 PMU、电能量采集装置、就地监视装置、电池管理系统、功率变换系统、一体化电源监控系统、舱体温控等。其中，升压站监控系统、自动电压控制 AVC、相量测量装置 PMU、自动发电控制 AGC、继电保护、故障录波、电能量采集装置、功率变换系统属于涉网系统，应纳入监测范围并将告警信息上传至相关调控机构平台；其余系统可接入装告知实现电厂内部网络安全的就地监视。

储能电站监控系统如图 4.3-7 所示。

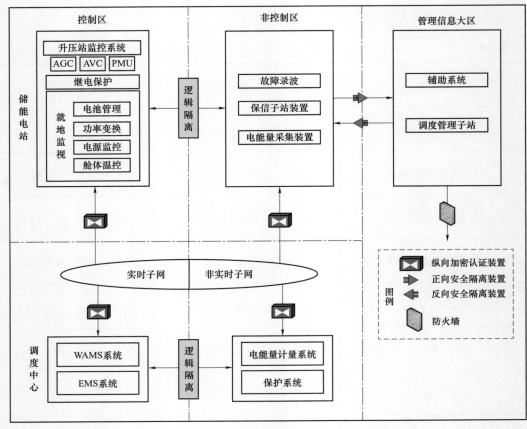

图 4.3 - 7 储能电站监控系统示意图

储能电站典型监测对象见表 4.3 - 6。

表 4.3 - 6   储能电站典型监测对象表

对象名称	设备类型	备　注
升压站监控系统	主机设备、网络设备、安全防护设备	
自动电压控制 AVC	主机设备、网络设备	
相量测量装置 PMU	主机设备、网络设备	包含装置类设备
自动发电控制 AGC	主机设备、网络设备	
继电保护	主机设备、网络设备	
故障录波	主机设备、网络设备	
电能量采集装置	主机设备、网络设备	包含装置类设备
功率变换系统	主机设备、网络设备	

4.3.7 核电站

核电站电厂电力监控系统主要包括核电站厂级分散控制系统 DCS、自动电压控制 AVC、厂级信息监控系统、相量测量装置 PMU、网控系统、火警探测系统、辅机控制系统、继电保护、自动控制装置、故障录波、电能量采集装置、管理信息系统 MIS、检修管理系统等。其中，网控系统、自动电压控制 AVC、相量测量装置 PMU、自动发电控制 AGC、继电保护、自动控制装置、故障录波、电能量采集装置属于涉网系统，应纳入监测范围并将告警信息上传至相关调控机构平台；其余系统可接入装告知实现电厂内部网络安全的就地监视。

核电站监控系统如图 4.3−8 所示。

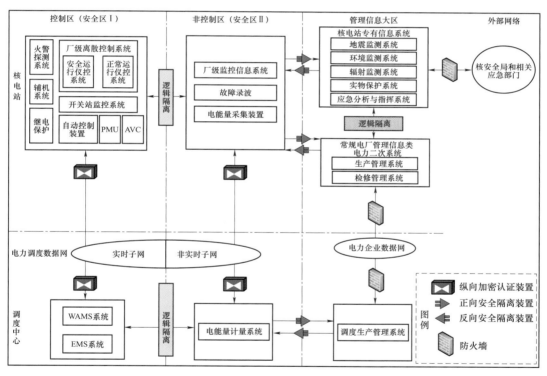

图 4.3−8　核电站监控系统示意图

核电站典型监测对象见表 4.3−7。

表 4.3−7　　　　　　　　　　核电站典型监测对象表

对象名称	设备类型	备　注
网控系统	主机设备、网络设备、安全防护设备	
自动电压控制 AVC	主机设备、网络设备	

对象名称	设备类型	备 注
相量测量装置 PMU	主机设备、网络设备	包含装置类设备
自动发电控制 AGC	主机设备、网络设备	
继电保护	主机设备、网络设备	
自动控制装置	主机设备、网络设备	
故障录波	主机设备、网络设备	
电能量采集装置	主机设备、网络设备	包含装置类设备

5 职责分工及工作流程

5.1 职责分工

监测装置部署工作一般涉及调控机构、厂站运维检修部门、项目集成厂商、监测对象（主机设备、网络设备、安全防护设备）厂商和监测装置厂商等单位，各单位具体职责分工如下所述。

5.1.1 调控机构

（1）负责提供调度主站和监测装置的 IP 地址，以及安全的签名数字证书文件。

（2）负责调度主站纵向加密设备的隧道建立和策略配置。

（3）配合现场进行平台与监测装置调试及数据上传功能验证。

（4）负责项目实施方案审核。

（5）配合开展项目竣工验收。

5.1.2 厂站运维检修部门

（1）负责落实现场施工的各项安全措施。

（2）负责组织开展竣工验收。

（3）负责检查软件版本校验结果并存档。

（4）负责项目实施方案审核。

5.1.3 项目集成厂商

（1）负责开展前期现场设备调研，编制项目实施方案。

（2）负责监测装置的硬件安装、软件调试，以及与调控机构平台的联调。

（3）负责提供、安装和调试监测对象接入监测装置所需且通过中国电科院检测的AGENT。

（4）负责设备接入、功能测试、告警消除等工作。

（5）配合开展项目竣工验收。

5.1.4 监测对象（主机设备、网络设备、安全防护设备）厂商

（1）配合完成站控层设备接入及调试。

（2）配合消除因站控层设备引起的各类告警。

（3）配合站控层设备接入后业务功能验证。

（4）配合厂站运维检修部门、项目集成厂商提供现场调研相关资料，提供接入监测装置所需的相关信息。

（5）负责确保相关监测对象接入监测前后该设备正常运行，并提供必要的技术支持。

5.1.5 监测装置厂商

根据项目实际情况，由项目集成厂商协调监测装置厂商完成以下工作：

（1）负责按时提供通过软件版本校验的监测装置。

（2）负责提供监测装置安装调试说明及注意事项，并提供技术支持。

5.2 工作流程

厂站监测装置部署工作可分为装置部署准备、装置单体调试、监测对象接入调试、平台接入调试和竣工验收五个主要阶段，各阶段包含的具体工作如下：

（1）装置部署准备。该阶段主要由项目集成厂商开展现场调研统计相关设备详细信息，协同厂站运维检修部门分析项目实施过程的各类风险点并制定应对措施，联系调控机构进行 IP 地址分配，并编制项目实施方案。

（2）装置单体调试。该阶段主要由项目集成厂商开展装置的上架安装、布线、上电检查、软件版本校验和参数配置等工作。

（3）监测对象接入调试。该阶段主要由现场实施厂商（项目集成厂商、监测对象厂商、监测装置厂商）开展厂站内主机、网络和安全防护等站控层设备的接入装置工作和相应的功能测试。

（4）平台接入调试。该阶段主要由项目集成厂商开展和调控机构开展监测装置与调度主站平台的联调测试。

（5）竣工验收。该阶段主要由厂站运维检修部门组织开展主站功能检查和现场竣工验收等工作。

6 装置部署准备

6.1 现场调研

监测装置调试前,应由厂站运维检修部门配合项目集成厂商对现场情况进行详细调研,并填写附录 A《厂站电力监控系统网络安全监测装置部署调研表》,报相应调控机构审核,调研内容包括但不限于以下三个方面。

6.1.1 网络拓扑

(1)现场调研时,应详细调研厂站监控系统现有网络拓扑,并将拓扑图作为附录,拓扑图上应包含主机设备、网络设备、安全防护设备及其他支持接入的监测对象。

(2)对于新投运并网电厂,应将监测装置纳入并网电厂安全防护方案中,并上报相应调控机构审核;对于在运并网电厂,应在现有网络拓扑图基础上,绘制监测装置部署后的网络拓扑图,并将部署后的网络拓扑图报送至相应调控机构,如有需要应更新并网电厂安全防护方案。

6.1.2 安装位置

(1)监测装置宜安装于调度数据网屏。

(2)应勘察不同监测对象至监测装置的布线距离,如超过 100m 必须部署光电转换器。

6.1.3 监测对象

(1)主机设备。统计厂站主机(监控后台主机、操作员站、数据通信网关机、综合应用服务器、"五防"主机、故障录波、保信子站等)的设备数量、操作系统发行版及版本号、位数及硬件架构、所在安全分区、IP 地址和是否能够部署 AGENT。

(2)网络设备。统计厂站交换机所在安全分区、交换机名称、厂商及设备型号、设备数量、是否支持 SNMP 协议 V2c 及以上版本、是否支持固件升级。

(3)安全防护设备。统计厂站安全防护设备(防火墙、横向隔离装置)名称、所在安全分区、厂商及设备型号、设备数量、是否满足 Q/GDW 11914—2018《电力监控系统网络安全监测装置技术规范》中安全防护设备日志规范。

6.2 IP 地址分配

（1）调控机构分配监测装置的调度数据网业务 IP 地址，并指定装置证书名称、装置网络及路由配置、主站平台骨干网业务 IP 地址等，汇总填写附录 B《厂站电力监控系统网络安全监测装置部署方式单》，发送给厂站运维检修部门。

（2）厂站运维检修部门根据现场调研情况合理分配监测装置的内网 IP 地址。

6.3 方案编制

（1）在汇总现场调研搜集资料的基础上，宜由项目集成厂商编制《厂站电力监控系统网络安全监测装置部署方案》，上报相应调控机构、厂站运维检修部门审核。

（2）提前做好危险源分析，提出安全措施，参考表 6.3 – 1。

表 6.3 – 1   安 全 措 施 表

序号	安 全 措 施
1	电力监控系统上工作应使用专用的调试计算机及移动存储介质，调试计算机严禁接入外网
2	禁止在电力监控系统中安装未经安全认证的软件
3	禁止在电力监控系统运行环境中进行新设备研发及测试工作
4	在电力监控系统上进行板件更换、软件升级、配置修改等工作前，应核对型号、规格及软件版本信息等
5	需停电检修的电力监控设备，应将设备退出运行、断开外部电源连接、断开网络连接，并做好防静电措施
6	工作过程中需对设备部分参数进行临时修改，应做好修改前后相应记录，工作结束前应恢复被临时修改的参数
7	业务数据的导入导出应经业务主管部门（归口管理部门）批准，导出后的数据应妥善保管
8	电力监控系统账号的密码应满足口令强度要求
9	网络与安全设备停运、断网、重启操作前，应确认该设备所承载的业务可停用或已转移
10	网络与安全设备配置变更工作前，应备份设备配置参数。更改配置时，存在冗余设备的，应先在备用设备上修改和调试，经测试无误后，再在其他设备上修改和调试，并核对主备机参数的一致性。工作结束前，应验证网络与安全设备上承载业务运行正常
11	在安全设备进行工作时，严禁绕过安全设备将两侧网络直连
12	网络和安防设备配置协议及策略应遵循最小化原则
13	在主机与存储设备工作前，应备份设备的业务系统软件、业务数据、配置参数等
14	升级操作系统版本前，应确认其兼容性及对业务系统的影响
15	主机更换硬件、升级软件、变更配置文件时，存在冗余设备的，应先在备用设备上修改和调试，经测试无误后，再在其他设备上修改和调试，并核对主备机参数的一致性。工作结束前，应验证主机设备上承载的业务系统运行正常
16	工作结束前，应与相关调控机构核对业务正常

6.4　云平台资料录入

将监测装置资料录入云平台，设备属性包含设备名称、所属厂站、运行状态、投运日期，其中运行状态为"规划"。

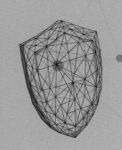

7 装置单体调试

7.1 装置上架安装

（1）监测装置外壳接地采用黄绿相间多股软铜线，横截面积不小于 2.5mm²，接入安装所在屏内的接地铜排，满足相关设备接地要求。

（2）监测装置应接入直流或交流不同源的双路电源独立供电。

（3）直流电源电压可支持 110、220V；交流电源电压 220V。

7.2 装置上电检查

装置前面板示意图如图 7.2-1 所示。

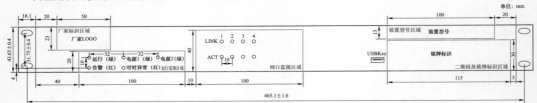

图 7.2-1　装置前面板示意图

（1）接通电源，检查电源是否全部运行正常。

（2）监测装置应具备 5 个运行指示灯和若干通道监视灯，运行指示灯定义见表 7.2-1。

表 7.2-1　　　　　　　　　　装置运行指示灯定义表

序号	名称	定　　义	颜色
1	运行	装置上电后该灯为常亮状态，装置由于硬件或是软件出现异常时导致装置不能工作或部分功能缺失时，处于常灭状态	绿灯
2	电源 1	装置电源 1 上电后点亮，失电后熄灭	绿灯
3	电源 2	装置电源 2 上电后点亮，失电后熄灭	绿灯
4	告警	装置由于硬件、软件或是配置出现异常时会处于常亮状态，正常运行时处于常灭状态，其中通信中断及对时异常时不亮告警	红灯
5	对时异常	对时服务状态异常时会处于常亮状态，对时正常时处于常灭状态	红灯

7.3 装置网口规划及相关网线敷设

装置后面板示意图如图 7.3－1 所示。

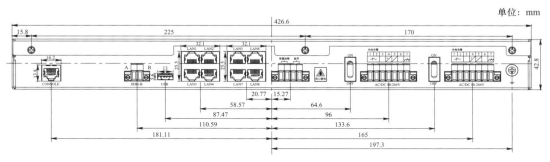

图 7.3－1 装置后面板示意图

（1）现场根据实际业务需要进行网线敷设，其中安全 I 区、Ⅱ区网线宜分别用两种颜色予以区分。

（2）根据技术规范，监测装置后面板有 4 个网口，网口规划参考见表 7.3－1。

表 7.3－1   装 置 网 口 规 划 表

起点	终　　　　点
第 1 口（LAN1）	至第一套数据网（如 220kV 变电站省调接入网）交换机
第 2 口（LAN2）	至第二套数据网（如 220kV 变电站地调接入网）交换机
第 3 口（LAN3）	至监控系统（I 区或Ⅱ区）A 网主交换机
第 4 口（LAN4）	至监控系统（I 区或Ⅱ区）B 网主交换机或就地监视终端

其中，至数据网交换机及监控系统交换机上联端口各单位自定，禁止监测装置跨接安全区接入。

当现场装置有 8 个网口时，就地监视终端接在第 8 口（LAN8）。

7.4 装置对时接入

（1）监测装置宜同时接入 IRIG－B 码和 NTP 协议对时，其中 IRIG－B 码和 NTP 协议对时源均应为厂站时钟同步装置。

（2）根据技术规范，监测装置对时源优先选择 IRIG－B 码对时设备，其次选择 NTP 协议对时。

（3）配置 IRIG-B 码对时，应从 IRIG-B 码对时设备引出对时线，接入监测装置的 IRIG-B 码对时模块。

（4）配置 NTP 对时，需要在监测装置内配置主时钟主网 IP 地址、主时钟备网 IP 地址、备时钟主网 IP 地址、备时钟备网 IP 地址、NTP 端口号、对时周期以及对时方式，监测装置宜选择站内时间同步装置的 NTP 对时服务。

7.5　装置硬接点接入

监测装置具备失电告警和装置异常硬节点，通过公用测控信号电缆线连接到公用测控屏，实现装置硬接点接入并上送至相应调控中心。

7.6　软件版本校验

装置开始配置之前，应采用版本校验工具对监测装置的软件版本与通过电科院检测的软件版本进行一致性校验，版本校验工具由"软件版本采集程序"和"软件版本校验工具"组成。

（1）"软件版本采集程序"需部署于监测装置内部，完成信息收集和通信。

（2）"软件版本校验工具"需部署于专用调试计算机内部，按需校验的装置配置相关参数后，实现对监测装置软件版本的在线收集。

（3）校验监测装置文件后，软件版本校验工具会展示各文件的版本一致性校验结果及总体校验结果，应确保结果为"通过"。

7.7　装置典型参数配置

（1）监测装置参数配置项包括系统参数、通信参数及事件处理参数等。

（2）各参数配置和典型参数配置如下：

1）网卡参数配置。即配置各网口对应的以太网 IP 地址及子网掩码。

2）路由参数配置。即配置各网口对应的路由目的网段、目的掩码及网关地址，注意应配置精确路由。

3）NTP 典型参数配置见表 7.7-1。

表 7.7-1　　　　　　　　　　　　NTP 典型参数配置表

序号	参数项	描述	典型参数
1	主时钟主网 IP 地址	主时钟 A 网 IP 地址	厂站站控层主时钟 A 网 IP 地址
2	主时钟备网 IP 地址	主时钟 B 网 IP 地址	厂站站控层主时钟 B 网 IP 地址

续表

序号	参数项	描述	典型参数
3	备时钟主网 IP 地址	备时钟 A 网 IP 地址	厂站站控层备时钟 A 网 IP 地址
4	备时钟备网 IP 地址	备时钟 B 网 IP 地址	厂站站控层备时钟 B 网 IP 地址
5	端口号	NTP 端口号	123
6	对时周期	NTP 对时周期，单位为 s	30
7	是否采用广播	采用广播/点对点	点对点

4）通信典型参数配置见表 7.7－2。

表 7.7－2 通信典型参数配置表

序号	参数项	描述	典型参数
1	服务器、工作站数据采集的服务端口	针对采集服务器、工作站信息所开放的 TCP 服务端口	8800
2	安全防护设备数据采集的服务端口	针对采集服务器、工作站的 UDP 服务端口	514
3	网络设备 SNMP Trap 端口	针对采集网络设备 SNMP Trap 信息所开发的 UDP 服务端口	162
4	装置服务代理端口	装置自身开启服务代理的 TCP 服务端口	8801
5	平台 IP 地址 1	主站管理平台接收监测装置事件上传/进行服务代理调用的 IP 地址 1	对应平台调度数据网业务地址
6	事件上传端口 1	主站管理平台接收监测装置事件上传的 TCP 端口 1	8800
7	平台 IP 地址 1 的权限	针对 IP 地址 1 的权限	读取信息/对监测装置进行参数配置/上传事件/对检测对象进行参数设置、命令控制
8	平台 IP 地址 n	主站管理平台接收监测装置事件上传/进行服务代理调用的 IP 地址 n	对应平台调度数据网业务地址
9	事件上传端口 n	主站管理平台接收监测装置事件上传的 TCP 端口 n	8800
10	平台 IP 地址 n 的权限	针对 IP 地址 n 的权限	读取信息/对监测装置进行参数配置/上传事件/对检测对象进行参数设置、命令控制

5）事件处理典型参数配置见表 7.7－3。

表 7.7－3 事件处理典型参数配置表

序号	参数项	描述	典型参数
1	CPU 利用率上限阈值	CPU 利用率超过上限需要形成告警的阈值	80%
2	内存使用率上限阈值	内存使用率超过上限需要形成告警的阈值	80%

续表

序号	参数项	描述	典型参数
3	网口流量越限阈值	交换机网口流量超过上限需要形成告警的阈值，单位为kbit	10
4	连续登录失败阈值	连续登录失败多少次形成告警事件上报	5
5	归并事件归并周期	需要归并处理的事件的归并上报周期，单位为s	60
6	磁盘空间使用率上限阈值	磁盘空间使用率超过上限需要形成告警的阈值	80%
7	历史事件上报分界时间参数 t	长时间离线后，监测装置再次上线时，根据此 t 值确定上报哪些未上传事件。单位为 min	30

8 监测对象接入调试

监测对象主要分为主机设备、网络设备、安全防护设备，分别以部署 AGENT、启用 SNMP 协议、配置 Syslog 日志上送等方式来接入，在接入厂站监测装置后应进行数据采集功能调试。

8.1 主机设备

（1）主机设备接入主要通过在服务器、工作站部署 AGENT 的方法实现节点接入。

（2）具体接入步骤如下：

1）对主机参数及应用数据进行备份。

2）拷贝 AGENT 程安装文件至主机并安装。

3）使用程序厂商下发的 lisence 激活 AGENT。

4）配置 AGENT 网络传输参数（包含本机 IP 地址、采集装置 IP 地址、采集装置端口）。

5）在 AGENT 程序文件夹中导入厂站监测装置证书。

6）依据主机网络连接状态配置 AGENT 白名单（IP 白名单及端口白名单），并根据业务需求配置关键文件/目录检测配置、开放非法端口检测周期配置等。主机设备 AGENT 四类重要配置项及推荐配置参数如下。

a. IP 白名单配置。推荐配置主机设备同网段且需业务数据交互的主机地址、广域网通信服务的数据网地址，对于不同网段的地址建议细化。

b. 端口白名单配置。推荐配置主机设备业务数据交互必需的端口，严禁配置非业务需求的 0—1024 端口及高危端口。

c. 关键文件/目录检测配置。推荐配置主机设备的操作系统关键文件夹、业务系统关键文件夹及配置备份文件夹。

d. 开放非法端口检测周期配置。内网安全规范要求开放非法端口检测周期配置为 5min，即 300s。

7）运行 AGENT 及其守护进程。

8）通过监测装置查看告警和日志，确认 AGENT 部署成功。

9）配置 AGENT 自启动，并重启主机设备。

10）确认主机业务运行正常。

（3）主机设备接入后，现场调试人员应利用监测装置的本地图形化管理 UI 界面（现场监视功能），观察告警情况，消除因现场调试产生的告警。

（4）厂站监控系统主机各类操作系统 AGENT 支持情况见附录 C《厂站监控系统主机各类操作系统 AGENT 支持情况汇总表》。

（5）各类监控系统厂商的主机设备 AGENT 支持情况、接入具体操作方法见本书第 11 章。

8.2　网络设备

（1）网络设备接入主要通过在交换机上启用 SNMP 协议（V2c 及以上版本）的方法实现节点接入。

（2）具体接入步骤如下：

1）备份交换机相关参数配置。

2）启用 SNMP 协议，并配置相关的用户表、Trap 等信息。

3）保存交换机配置，与监测装置测试通讯及功能是否正常。

（3）网络设备接入后，现场调试人员应利用监测装置的本地图形化管理 UI 界面（现场监视功能），观察告警情况，消除因现场调试产生的告警。

8.3　安全防护设备

（1）安全防护设备接入主要通过在安全防护设备上修改 Syslog 或通信参数的方法实现节点接入。

（2）具体接入步骤如下：

1）防火墙。

a. 备份防火墙参数配置。

b. 配置 Syslog 传输地址为对应监测装置网口地址。

c. 启用符合电力系统通用告警格式的告警传输服务并配置通信参数。

d. 防火墙与监测装置进行通信测试。

2）隔离装置。

a. 备份隔离装置参数配置。

b. 修改隔离装置通信策略。

c. 启用符合电力系统通用告警格式的告警传输服务并配置通信参数。

d. 隔离装置与监测装置进行通信测试。

（3）安全防护设备接入后，现场调试人员应利用监测装置的本地图形化管理 UI 界面（现场监视功能），观察告警情况，消除因现场调试产生的告警。

8.4 装置数据采集功能调试

（1）监测装置单体调试完毕、监测对象接入完毕后，参照 Q/GDW 11914—2018《电力监控系统网络安全监测装置技术规范》采集信息规范表，开展监测装置采集监测对象信息的功能调试。其中新投运厂站工厂验收（FAT）和现场验收（SAT）对以下测试项进行遍历测试，在运厂站现场验收（SAT）阶段标"*"测试项必测，其他项可选测。

（2）监测装置对主机设备、网络设备、安全防护设备采集功能测试方法见表 8.4－1～表 8.4－4。

表 8.4－1　　　　　　　　　　主机设备采集信息调试表

序号	采集信息内容	信息产生方式	调试及测试方法
1	登录成功	触发	在主机设备登录成功，检查是否产生相应告警
2	退出登录	触发	在主机设备退出登录，检查是否产生相应告警
3	*登录失败	触发	在主机设备登录失败，检查是否产生相应告警
4	操作命令	触发	在主机设备操作命令，检查是否产生相应告警
5	操作回显	触发	在主机设备操作命令，检查是否产生相应告警
6	*USB 设备插入	触发	在主机设备插入 USB 设备，检查是否产生相应告警
7	*USB 设备拔出	触发	在主机设备拔出 USB 设备，检查是否产生相应告警
8	串口占用	触发	使用调试笔记本占用串口，检查是否产生相应告警
9	串口释放	触发	使用调试笔记本释放串口，检查是否产生相应告警
10	光驱挂载	触发	将光盘放入光驱，检查是否产生相应告警
11	光驱卸载	触发	将光盘从光驱弹出，检查是否产生相应告警
12	*异常网络访问事件	触发	网络外联事件在主机设备 Telnet 调试笔记本，检查是否产生相应告警
13	存在光驱设备	周期（默认 60min）	若主机设备存在光驱，检查是否周期性产生相应告警
14	*开放网络服务/端口	触发	将已经监听的端口从白名单中移除，检查是否产生相应告警
15	*网口 UP	触发	将调试笔记本与主机设备使用网线连接，检查是否产生相应告警
16	*网口 DOWN	触发	断开调试笔记本与主机设备的网线连接，检查是否产生相应告警
17	*关键文件变更	触发	在主机设备修改关键文件，检查是否产生相应告警
18	*用户权限变更	触发	在主机设备修改用户权限，检查是否产生相应告警

表 8.4-2   网络设备采集信息调试表

序号	采集信息内容	信息产生方式	调试及测试方法
1	配置变更	触发	在网络设备修改 MAC 地址绑定关系，检查是否产生相应告警
2	网口状态	周期	在人机界面查看网络设备网口状态，与实际状态进行对比
3	*网口 UP	触发	将调试笔记本与主机设备使用网线连接，检查是否产生相应告警
4	*网口 DOWN	触发	断开调试笔记本与主机设备的网线连接，检查是否产生相应告警
5	*网口流量超过阈值	触发	先将笔记本接入网络设备网口，然后通过 WEB 管理界面增加流量阈值设置，生效后，检查是否产生相应告警
6	登录成功	触发	在网络设备 WEB 管理界面登陆成功，检查是否产生相应告警
7	退出登录	触发	在网络设备 WEB 管理界面退出登录，检查是否产生相应告警
8	*登录失败	触发	在网络设备 WEB 管理界面登录失败，检查是否产生相应告警
9	修改用户密码	触发	在网络设备 WEB 管理界面修改用户密码，检查是否产生相应告警
10	用户操作信息	触发	在网络设备 WEB 管理界面进行用户操作，检查是否产生相应告警
11	*MAC 地址绑定关系	周期（默认 60min）	对于未绑定 MAC 地址的激活接口，检查是否周期性产生该告警

表 8.4-3   安全设备（防火墙）采集信息调试表

序号	采集信息内容	信息产生方式	调试及测试方法
1	登录成功	触发	在防火墙 WEB 管理界面登录成功，检查是否产生相应告警
2	退出登录	触发	在防火墙 WEB 管理界面退出登录，检查是否产生相应告警
3	*登录失败	触发	在防火墙 WEB 管理界面登录失败，检查是否产生相应告警
4	*修改策略	触发	在防火墙 WEB 管理界面修改策略，检查是否产生相应告警
5	CPU 利用率	周期（默认 1min）	将装置 CPU 利用率越限阈值设置为 0，检查是否周期产生 CPU 利用率越限阈值告警
6	内存利用率	周期（默认 1min）	将装置 CPU 利用率越限阈值设置为 0，检查是否周期产生 CPU 利用率越限阈值告警
7	电源故障	触发	切断防火墙备用电源，检查是否产生相应告警
8	风扇故障	触发	当发生风扇故障时，防火墙应产生相应告警
9	温度异常	触发	将防火墙温度阈值设置为 0，检查是否产生温度异常告警
10	*网口 DOWN	触发	将调试笔记本与防火墙使用网线连接，检查是否产生相应告警
11	*网口 UP	触发	断开调试笔记本与防火墙的网线连接，检查是否产生相应告警
12	*不符合安全策略的访问	触发	增加禁止调试笔记本 ICMP 的规则，然后使用调试笔记本进行 Ping 测试，检查是否产生相应告警
13	*攻击告警	触发	打开调试笔记本接口的 Ping of Death 监测，然后在调试笔记本上使用"ping192.168.2.202 -l900"进行测试，检查是否产生相应告警

表 8.4-4 安全设备（横向隔离装置）采集信息调试表

序号	采集信息内容	信息产生方式	调试及测试方法
1	*用户登录	触发	在隔离设备管理界面登录成功，检查是否产生相应告警
2	*修改配置	触发	在隔离设备管理界面修改配置，检查是否产生相应告警
3	CPU 利用率	周期（默认 1min）	将装置 CPU 利用率越限阈值设置为 0，检查是否周期产生 CPU 利用率越限阈值告警
4	内存利用率	周期（默认 1min）	将装置内存利用率越限阈值设置为 0，检查是否周期产生内存利用率越限阈值告警
5	*不符合安全策略的访问	触发	使用调试笔记本 Telnet 不在安全策略中的端口，检查是否产生相应告警

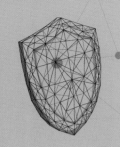

9 平 台 接 入 调 试

（1）各类厂站的监测装置应接入两套调度数据网接入网所属相应调控机构平台，如220kV变电站应接入省调平台及地调平台，通过平台级联实现告警去重。

（2）平台接入调试期间，调控机构人员应在平台将该监测装置置"检修"状态，现场调试人员应利用监测装置的本地图形化管理UI界面（现场监视功能），观察告警情况，确认无现场调试产生的告警后通知调控机构人员将该监测装置取消检修。

9.1 厂站纵向加密认证装置配置

厂站纵向加密认证装置需增加一条至主站数据网关机地址的隧道，其策略配置见表9.1-1。

表 9.1-1　　　　　　　　　　厂站纵向加密认证装置配置表

序号	描述	策略协议	源起始IP	源终止IP	源起始端口	源终止端口	目的起始IP	目的终止IP	目的起始端口	目的终止端口	隧道对端IP
1	厂站监测装置管控	密通TCP	厂站监测装置地址	厂站监测装置地址	8801	8801	主站数据网关机地址	主站数据网关机地址	1024	65535	主站数据网关机地址
2	网络安全事件上传	密通TCP	厂站监测装置地址	厂站监测装置地址	1024	65535	主站数据网关机地址	主站数据网关机地址	8800	8800	

9.2 主站数据网关机加密卡配置

主站数据网关机加密卡需增加一条至厂站纵向设备地址的隧道，其策略配置见表9.2-1。

表 9.2-1   主站数据网关机加密卡配置表

序号	描述	策略协议	源起始 IP	源终止 IP	源起始端口	源终止端口	目的起始 IP	目的终止 IP	目的起始端口	目的终止端口	隧道对端 IP
1	厂站监测装置管控	密通 TCP	主站数据网关机地址	主站数据网关机地址	1024	65535	厂站监测装置地址	厂站监测装置地址	8801	8801	厂站监测装置地址
2	网络安全事件上传	密通 TCP	主站数据网关机地址	主站数据网关机地址	8800	8800	厂站监测装置地址	厂站监测装置地址	1024	65535	

9.3 装置的双向身份认证

监测装置与平台间通信需通过数字证书实现双向的身份认证：

（1）现场调试人员导出装置证书请求，发送给相应负有监控及现场维护责任的调控机构。如 220kV 变电站监测装置证书应发送给地调签发。

（2）调控机构人员使用调度数字证书系统录入装置证书请求，审核签发生成装置公钥证书，并将装置公钥证书、平台网关机证书发送给现场调试人员。

（3）调控机构人员将装置公钥证书导入平台。

（4）现场调试人员将装置公钥证书、平台网关机证书导入到监测装置中。

9.4 装置数据上传功能调试

（1）监测装置单体调试完毕、监测对象接入完毕、接入平台后，根据 Q/GDW 11914—2018《电力监控系统网络安全监测装置技术规范》上传信息规范表，开展厂站网络安全监测功能与平台联调测试。其中新投运厂站工厂验收（FAT）和现场验收（SAT）对以下测试项进行遍历测试，在运厂站现场验收（SAT）阶段标"*"测试项必测，其他项可选测。

（2）监测装置对主机设备、网络设备、安全防护设备、监测装置自身上传功能测试方法见表 9.4-1～表 9.4-5。

表 9.4-1   主机设备上传信息调试表

序号	上传信息	级别	调试及测试方法
1	登录成功	一般（4）	使用 SSH 管理工具登录主机，通过平台能够查看登录信息
2	退出登录	一般（4）	退出 SSH 登录，通过平台能够查看退出信息
*3	USB 设备（非无线网卡）插入	重要（2）	插入 USB 设备（非无线网卡）到主机，通过平台能够查看到 USB 插入事件记录
*4	USB 设备（无线网卡）插入	紧急（1）	插入 USB 设备（无线网卡）到主机，通过平台能够查看到 USB 插入事件记录

厂站电力监控系统网络安全监测装置部署操作指南

续表

序号	上传信息	级别	调试及测试方法
*5	USB 设备拔出	一般（4）	拔出 USB 设备，通过管理平台能够查看到 USB 拔出事件记录
*6	异常网络访问事件	紧急（1）	使用笔记本电脑 SSH 远程连接主机，该笔记本电脑 IP 不在变电站网段中，通过管理平台能够查看到网络外联事件记录
*7	登录失败超过阈值	重要（2）	输入错误登录信息，失败超过阈值设置时，通过管理平台能够查看登录失败超过阈值事件

表 9.4－2 网络设备上传信息调试表

序号	上传信息	级别	调试及测试方法
*1	配置变更	一般（4）	修改交换机配置，通过管理平台能够查看交换机配置变更事件记录
*2	网口 UP	重要（2）	交换机网口接入设备，通过管理平台能够查看网口 UP 信息记录
*3	网口 DOWN	重要（2）	交换机网口网线拔出，通过管理平台能够查看网口 DOWN 信息记录
*4	网口流量超阈值	重要（2）	先将笔记本接入网络设备网口，然后通过 WEB 管理界面增加流量阈值设置，生效后，检查是否产生相应告警
5	登录成功	一般（4）	登录交换机，通过管理平台能够查看登录信息
6	退出登录	一般（4）	退出登录，通过管理平台能够查看退出信息
*7	登录失败	一般（4）	输入错误登录信息，通过管理平台能够查看登录失败事件
*8	修改用户密码	一般（4）	修改交换机用户名密码，通过管理平台能够查看交换机用户名密码变更事件记录
9	用户操作信息	一般（4）	登录交换机，输入命令进行操作，通过管理平台能够查看交换机用户操作信息
*10	端口未绑定 MAC 地址	重要（2）	修改 MAC 绑定关系，通过管理平台能够查看交换机网口 MAC 绑定关系

表 9.4－3 安全设备（防火墙）上传信息调试表

序号	上传信息	级别	调试及测试方法
1	登录成功	一般（4）	登录防火墙，通过管理平台能够查看登录信息
2	退出登录	一般（4）	退出登录，通过管理平台能够查看退出信息
*3	登录失败	一般（4）	输入错误登录信息，通过管理平台能够查看登录失败事件
*4	修改策略	一般（4）	修改防火墙策略，通过管理平台能够查看修改策略事件记录
*5	不符合安全策略访问	重要（2）	使用防火墙策略 IP 范围外的电脑进行访问业务；通过管理平台能够查看不符合安全策略访问记录
*6	攻击告警	紧急（1）	主机发送命令：ping－l length（length 略高于防火墙设定值）到防火墙，通过管理平台能够查看攻击告警记录

表 9.4-4   安全设备（横向隔离装置）上传信息调试表

序号	上传信息	级别	调试及测试方法
1	用户登录	一般（4）	管理工具登录正向/反向隔离装置，通过管理平台能够查看登录信息
*2	修改配置	一般（4）	管理工具修改正向/反向隔离装置配置，通过管理平台能够查看修改配置信息记录
*3	不符合安全策略的访问	重要（2）	管理工具限定正/反向隔离装置外网端口 6666，使用 7777 端口的发包工具向隔离发包，通过管理平台能够查看到隔离不符合安全策略的访问事件记录

表 9.4-5   监测装置上传信息调试表

序号	上传信息	级别	调试及测试方法
1	系统登录成功	一般（4）	登录监测装置，通过平台能够查看登录信息
2	系统退出登录	一般（4）	退出监测装置，通过平台能够查看退出信息
*3	USB 设备（非无线网卡）插入	重要（2）	插入 USB 设备（非无线网卡）到装置，通过平台能够查看到 USB 插入事件记录
*4	USB 设备（无线网卡）插入	紧急（1）	插入 USB 设备（无线网卡）到装置，通过平台能够查看到 USB 插入事件记录
5	USB 设备拔出	一般（4）	拔出 USB 设备，通过平台能够查看到 USB 拔出事件记录
*6	异常网络访问事件	紧急（1）	使用笔记本电脑远程连接装置，该笔记本电脑 IP 不在变电站网段中，通过平台能够查看到网络外联事件记录
7	网口 UP	重要（2）	监测装置网口接入设备，通过平台能够查看网口 UP 信息记录
8	网口 DOWN	重要（2）	监测装置网口网线拔出，通过平台能够查看网口 DOWN 信息记录
*9	装置异常告警	重要（2）	模拟装置故障，装置断电，通过平台能够查看到设备离线事件记录
*10	对时异常	重要（2）	模拟对时异常，将装置对时源去除，通过平台能够查看对时异常事件记录

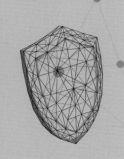

10 竣 工 验 收

10.1 主站功能检查

平台需要对厂站侧接入的监测装置进行相应的验收测试，以保障现场实施功能的竣工验收的完整性。具体包括如下 7 个方面：

（1）通过平台对装置状态的查询，实现资产在线测试。

（2）通过平台查询装置上报告的告警信息，实现装置告警事件上传测试。

（3）通过平台对监测装置采集信息调阅和上传事件调阅，实现对装置的远程信息调阅测试。

（4）通过平台查看及修改监测装置的资产信息、网卡配置、路由配置、NTP 配置、通信配置、事件处理等配置，实现对装置的远程配置管理测试。

（5）通过平台远程升级装置的版本，实现对装置远程升级的测试。

（6）通过平台远程配置装置的网络连接白名单、服务端口白名单和危险操作命令清单，实现对监控对象的配置管理测试。

（7）通过平台远程查看监测装置对监测对象的基线核查项，实现主站对厂站监测对象的基线核查和漏洞扫描。

10.2 厂站现场竣工

监测装置上述调试流程完成后，工程参与单位应配合厂站运维检修部门完成如下现场竣工工作：

（1）按施工工艺标准再次检查施工现场，完成标识牌张贴和屏柜防火封堵等扫尾工作。

（2）做好装置和其他改动过配置的设备配置备份。

（3）按保管规则妥善保管好 UKey。

（4）办理工作票等安全组织措施的终结手续。

10.3　填写验收卡

监测装置上述调试流程完成后，工程参与单位应配合厂站运维检修部门，按附录 D《厂站电力监控系统网络安全监测装置部署验收卡》进行现场验收各工作，并将验收卡报调控机构备案。

10.4　云平台资料补充

将监测装置资料（如厂商及设备型号等）补充录入云平台，并将运行状态由"规划"改为"投运"。

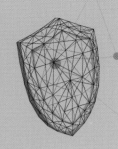

11　典型变电站监控系统的部署操作

11.1　北京四方继保工程技术有限公司（北京四方）

11.1.1　主机设备 AGENT 支持情况

主机类 AGENT 支持情况见表 11.1-1。

表 11.1-1　　　　　　　　　　　主机类 AGENT 支持情况

主机类型	操作系统	操作系统版本号	位数	各厂商 AGENT 支持情况
监控主机/操作员站/数据服务器/综合应用服务器/图形网关机	Windows	Windows XP	32 位	北京四方（适配）
				支持：北京科东、南瑞信通、东方电子、东方京海
				兼容：无
			64 位	北京四方（适配）
				支持：无
				兼容：南瑞信通
		Windows 7	32 位	北京四方（适配）
				支持：无
				兼容：南瑞信通
			64 位	北京四方（适配）
				支持：北京科东、南瑞信通、东方电子、东方京海
				兼容：无
	Redhat	Redhat 5.1～Redhat 5.11	32 位	北京四方（适配）
				支持：无
				兼容：上海思源、东方京海
			64 位	北京四方（无）
				支持：东方京海
				兼容：北京科东、南瑞信通、南瑞继保

续表

主机类型	操作系统	操作系统版本号	位数	各厂商 AGENT 支持情况
监控主机/操作员站/数据服务器/综合应用服务器/图形网关机	Redhat	Redhat 6.1～Redhat 6.9	32 位	北京四方（适配）
				支持：无
				兼容：上海思源
			64 位	北京四方（适配）
				支持：北京科东
				兼容：南瑞信通、南瑞继保、东方电子、珠海鸿瑞
		Redhat 7.1～Redhat 7.4	64 位	北京四方（适配）
				支持：无
				兼容：北京科东
			64 位	北京四方（适配）
				支持：无
				兼容：北京科东
	Solaris	Solaris_10u8	32 位	北京四方（适配）
				支持：长园深瑞
				兼容：无
		Solaris 10u10	32 位	北京四方（适配）
				支持：上海思源、许继电气
				兼容：无

装置类 AGENT 支持情况见表 11.1－2。

表 11.1－2 装置类 AGENT 支持情况

装置型号	软件版本	中国电科院测试情况	备　注
CSD－1321	V2.4.1	未测试	目前程序已开发，预正在进行内部测试工作

11.1.2　主机设备接入具体操作方法

11.1.2.1　安装

1. Windows 操作系统的安装方法

在安装前需将监控系统退出并进行备份工作，登录用户需具备管理员权限。

将最新 Windows 版本 AGENT 程序拷贝/上传至服务器主机的 D 盘（或其他盘）根目录下，对于 Windows 7 系统需右键以管理员权限运行 exe 文件（Windows XP 操作系统直接双击即可），安装结束后程序运行图如图 11.1－1 所示。

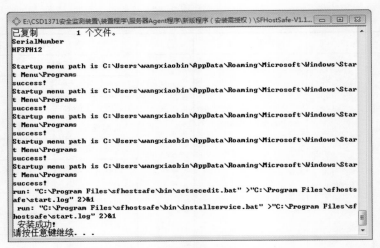

图 11.1-1　安装结束后程序运行图

图 11.1-2　重启操作系统的提示窗口

按任意键后将弹出重启操作系统的提示窗口，如图 11.1-2 所示，点击确认按钮重启操作系统。

程序固定安装路径为 C:\Program Files\sfhostsafe，在操作系统中增加 2 个系统服务：SFSeclient、SFMonitor，相关进程为 seclient、wsemonitor，并部署了开始菜单"SFHostSafe"：

"SFHostSafe"的"界面工具"即启动界面工具。

"SFHostSafe"的"启动服务"即启动相关服务，默认已经启动。

"SFHostSafe"的"四方 cmd"即打开 AGENT 程序中 CMD 窗口。

"SFHostSafe"的"停止服务"即停止相关服务。

"SFHostSafe"的"卸载"即卸载 AGENT 程序。

2. 非 Windows 操作系统的安装方法

使用 Root 用户本地登录，FTP 工具上传 AGENT 程序安装包，终端切换到安装包文件所在目录。运行如下命令（文件名仅示例）：

chmod＋x SFHostSafe－V1.0.0－908－REDHATLINUX_5.9－32bit.sh

./SFHostSafe－V1.0.0－908－REDHATLINUX_5.9－32bit.sh

AGENT 程序安装完后，要求重启操作系统。

操作系统重启将自动启动守护进程 sewatchdog.sh，由此来监护 seclient、semonitor 进程。

Root 用户本地登录，终端切换当安装包目录，运行/bin/seuninstall。

应注意的是，卸载前请用界面导出工程配置。卸载将全部删除程序包括配置文件。

11.1.2.2　启动界面工具

Windows 操作系统中点击开始菜单"SFHostSafe"的"界面工具"，或者在 CMD 中运行 setool；非 Windows 操作系统中打开终端运行 setool。弹出如图 11.1－3 所示的对话框，默认登录密码为 8888。

现场如果需要修改登录密码，则点击如图 11.1－4 所示的按钮进行修改。

图 11.1－3　输入密码对话框

图 11.1－4　修改密码界面

当登录密码输入正确后，弹出如图 11.1－5 所示的主界面。

图 11.1－5　内网安全配置与监视主界面

11.1.2.3　工程问题

AGENT 主机安全代理软件与安全监测装置间通信采用国密证书，AGENT 软件默认带有电科院测试时证书，当安全监测装置需要实现对主机的远程基线核查、召唤和修改配置等操作时，默认证书需要根据现场安全监测装置中的证书不同而更改。

11.1.2.4　系统配置

服务进程定期扫描配置信息，所有配置修改后，1min 内生效。

1. 安全装置

此项配置安全采集装置 IP 地址及通信端口号，点击"安全装置"按钮后出现如图 11.1-6 所示的界面。

图 11.1-6　安全装置配置界面

在此界面上可以点击上面"增加 IP"按钮增加 IP 地址，修改 IP 地址时需要在表格中双击对应 IP 地址，然后填写安全监测装置 IP 地址，修改完成后需要用鼠标点击别的地方，这样修改的 IP 才能生效。然后修改端口为 8800 或 0（0 表示采用默认值 8800）。

图 11.1-7　连接测试成功界面

点击表格中的"测试连接"按钮可以发起连接测试，来验证 IP 地址以及物理通道，如图 11.1-7 所示。

配置完成后需要点击"确定"按钮进行保存。

若弹出连接失败窗口，需检查服务器与安全监测装置的物理连接，以及 IP 地址是否正确、安全监测装置通信服务 SFSeclient 是否已经启动。

2. 网络白名单

此配置针对网络非法外联而配置的 IP 地址列表，系统检测到网络连接中的 IP 地址不在此列表中则报告警，否则不报告警。点击"网络白名单"按钮后出现如图 11.1-8 所示的界面。

图 11.1-8　"网络白名单"配置界面

在此界面上输入本服务器合法连接的信息列表，每行一个，规则见图11.1-8。配置完成后点击"确定"按钮保存，如有错误则进行提示，如图11.1-9所示。

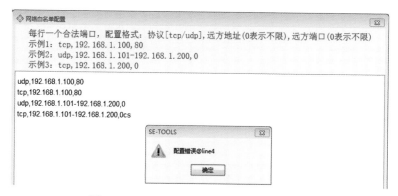

图 11.1-9　网络白名单配置错误提示界面

3. 服务白名单

此配置针对主机打开的服务端口，系统扫描本地开放的服务端口，如此端口不在此配置中则报告，否则不报告。默认包括 CSGC3000、CyberControl、CSC2000（V2）系统使用的端口，不包括具体规约使用端口。点击"服务白名单"按钮后出现如图 11.1-10 所示的界面。

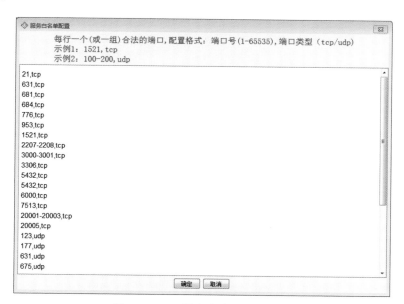

图 11.1-10　服务白名单配置界面

在此界面输入正确的本地服务端口，输入完毕后点击"确定"按钮进行保存，如有错误则进行提示，如图 11.1-11 所示。

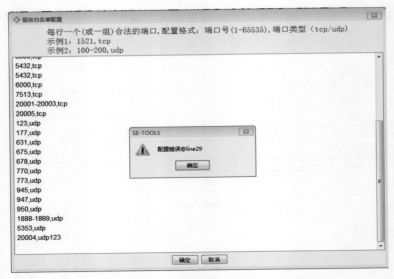

图 11.1－11　服务白名单配置错误提示界面

4. 文件监测

此配置针对主机监视的关键文件/目录，当配置中的文件/目录发生变化（如删除、增加、修改内容、修改属性等）则会报告警，不在此配置中的文件/目录发生变化后不报告警。点击"文件监测"按钮后出现如图 11.1－12 所示的界面。

图 11.1－12　"文件监测"配置界面

在此界面中按照示例输入需要监测的文件或目录的全路径名，每行一个文件或目录，该文件或目录必须存在且填写正确，否将进行提示，如图 11.1－13 所示。

图 11.1－13　文件监测配置错误提示界面

编辑完成后点击"确定"按钮生效，否则不生效。

5. 导入证书

此配置用来导入与安全监测装置通讯的证书。

调度提供装置证书（一般是 p12 文件）、主站平台证书（一般是 cer 文件），其中主站平台证书可以通过证书制作工具生成 AGENT 需要的文件证书。现场需将格式为.cer 的主站平台证书拷贝到调试笔记本上，在笔记本上运行"四方证书加密工具.exe"，界面如图 11.1－14 所示。

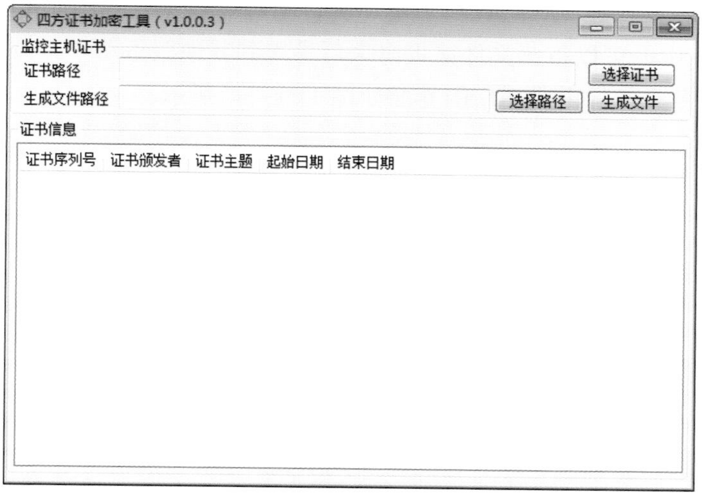

图 11.1－14　四方证书加密工具界面

点击"选择证书"，选择调度提供的 cer 文件，然后选择生成文件路径，点击"生成文件"，即生成 1 个装置证书文件：device_pubkey.bin，将 device_pubkey.bin 复制到主机上，点击"证书导入"按钮，选择主机上的 device_pubkey.bin 文件后导入即可。

6. 其他配置

此配置中目前含两项配置，分别为光驱检测周期和本地服务端口检测周期，点击"其他配置"按钮后，出现如图 11.1－15 所示的界面。

检测周期值为不小于 0 的整数，单位为秒，范围为 60s～24h，编辑完成后点击"确定"按钮生效，否则不生效。

7. 日志备份

将 AGENT 主机安全监测生成的系统日志、安全事件及上传事件进行压缩后按当前日期时间保存到当前用户主目录下，可以将备份文件拷贝出来后进行离线分析。点击"日志备份"按钮后选择备份目录，备份成功后的界面如图 11.1－16 所示。

图 11.1－15　其他配置界面

图 11.1－16　备份成功界面

8. 导出配置

导出配置功能将 AGENT 系统配置中的安全装置、网络白名单、服务白名单、光驱检测、端口检测、文件检测、进程白名单、上传配置打包保存到当前用户主目录下的文件 se-config.exp 中，可以将此文件拷贝出来后导入到其他服务器中。点击"导出配置"按钮后选择导出目录，导出成功后的界面如图 11.1－17 所示。

图 11.1－17　导出成功界面

9. 导入配置

导入配置功能是将从其他服务器上导出的配置文件导入到本机，完成本机的配置任务，导入后也可以进行修改各配置信息。导入配置时必须先停止主机 AGENT 服务。

点击"导入配置"按钮后弹出选择导入文件窗口，如图 11.1－18 所示。

图 11.1－18　选择导入文件界面

在此界面中选择需要导入的文件，选择"选择导入文件"按钮后提示"请先停止主机安全 AGENT 服务，再点击确定导入"，当检测到主机 AGENT 服务未停止时，系统将产生告警，如图 11.1-19 所示。

图 11.1-19　告警界面

当检测到主机 AGENT 服务停止后，系统将进入确认导入信息界面，如图 11.1-20 所示。

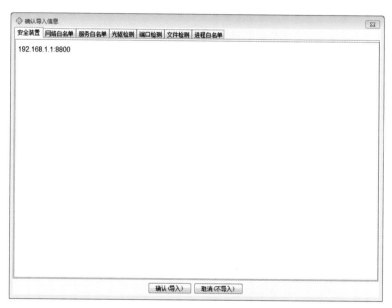

图 11.1-20　确认导入信息界面

当确认导入信息无误后，点击"确认（导入）"，系统将还原 AGENT 系统配置中的安全装置、网络白名单、服务白名单、光驱检测、端口检测、文件检测、进程白名单、上传配置，并弹出"导入完成，请手工启动主机安全 AGENT 服务！"，此时人工启动主机 AGENT 服务即可。

11.1.2.5　安全事件

此功能查看 AGENT 主机监测系统监测到的安全事件，在主界面上点击"安全事件"按钮后可以显示安全事件信息，如图 11.1-21 所示。

内容	告警等级	告警时间	设备类型	子类型	主机IP	登录IP	登录时间	事件明细
31	一般	2018-09-18 16:13:18	SVR	开放非法端口		svchost.exe		TCP 49153
32	一般	2018-09-18 16:13:18	SVR	开放非法端口		wininit.exe		TCP 49152
33	一般	2018-09-18 16:13:18	SVR	开放非法端口		DingTalk.exe		TCP 18386
34	一般	2018-09-18 16:13:18	SVR	开放非法端口		FrameworkService.exe		TCP 8081
35	一般	2018-09-18 16:13:18	SVR	开放非法端口		hasplms.exe		TCP 1947
36	一般	2018-09-18 16:13:18	SVR	开放非法端口		vmware-authd.exe		TCP 912
37	一般	2018-09-18 16:13:18	SVR	开放非法端口		vmware-authd.exe		TCP 902
38	一般	2018-09-18 16:13:18	SVR	开放非法端口		System		TCP 445
39	一般	2018-09-18 16:13:18	SVR	开放非法端口		vmware-hostd.exe		TCP 443
40	一般	2018-09-18 16:13:18	SVR	开放非法端口		svchost.exe		TCP 135
41	紧急	2018-09-18 16:13:18	SVR	网络外联事件		System		TCP 192.148.95.19 56745 192.188.2
42	紧急	2018-09-18 16:13:18	SVR	网络外联事件		spoolsv.exe		TCP 192.148.95.19 56742 192.188.2
43	紧急	2018-09-18 16:13:18	SVR	网络外联事件		360se.exe		TCP 192.148.95.19 56259 192.198.1
44	紧急	2018-09-18 16:13:18	SVR	网络外联事件		UcMapi64.exe		TCP 192.148.95.19 54416 192.188.1
45	紧急	2018-09-18 16:13:18	SVR	网络外联事件		UcMapi64.exe		TCP 192.148.95.19 54415 192.188.1
46	紧急	2018-09-18 16:13:18	SVR	网络外联事件		OUTLOOK.EXE		TCP 192.148.95.19 54413 192.188.1
47	紧急	2018-09-18 16:13:18	SVR	网络外联事件		OUTLOOK.EXE		TCP 192.148.95.19 54411 192.188.1
48	紧急	2018-09-18 16:13:18	SVR	网络外联事件		spoolsv.exe		TCP 192.148.95.19 53788 192.188.1
49	紧急	2018-09-18 16:13:18	SVR	网络外联事件		UcMapi64.exe		TCP 192.148.95.19 53161 192.188.1
50	紧急	2018-09-18 16:13:18	SVR	网络外联事件		OUTLOOK.EXE		TCP 192.148.95.19 53158 192.188.1
51	紧急	2018-09-18 16:13:18	SVR	网络外联事件		UcMapi64.exe		TCP 192.148.95.19 53153 192.188.1
52	紧急	2018-09-18 16:13:18	SVR	网络外联事件		OUTLOOK.EXE		TCP 192.148.95.19 53150 192.188.1

图 11.1−21　安全事件信息界面

在界面上可以点击"刷新"按钮刷新安全事件，安全事件过多的时会分页显示，提供对应按钮进行前/后翻页，表格中展示了每个安全事件内容，如告警等级、告警时间、设备名称、子类型等信息，此表格不会自动刷新，需要手动点击"刷新"按钮刷新。

11.1.2.6　系统日志

此功能主要查看主机安全监测软件运行日志信息。在主界面上点击"系统日志"按钮后可以显示系统日志信息，如图 11.1−22 所示。

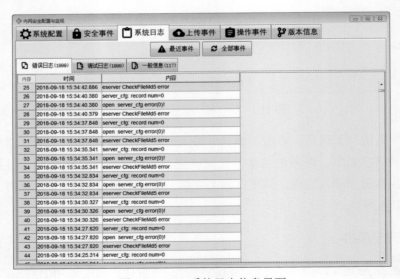

图 11.1−22　系统日志信息界面

在界面上点击"最新事件"按钮后，最新的系统日志信息将按类型分别在"错误日志""调试日志""一般信息"三个页签中展示，每个页签中有日志条数信息。点击"全部事件"可查看全部的系统日志信息。

系统日志信息不会自动刷新，需要手动点击"最新事件"或"全部事件"按钮进行刷新，点击一次按钮，三个页签里的内容均刷新。

11.1.2.7　上传事件

此功能展示 AGENT 主机安全监测软件已向安全监测装置发送的安全事件内容，用于与安全监测装置通信调试。在主界面上点击"上传事件"按钮后可以显示上传事件信息，如图 11.1-23 所示。

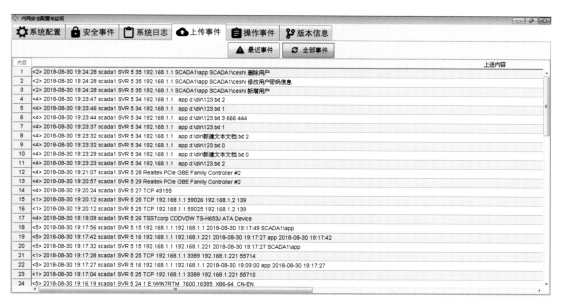

图 11.1-23　上传事件信息界面

上传事件信息不会自动刷新，需要手动点击"最新事件"或"全部事件"按钮进行刷新，点击"最新事件"按钮后将显示最新的上传事件，点击"全部事件"按钮后将显示全部的上传事件。

11.1.2.8　操作事件

此功能在本机记录了安全监测装置远程修改的配置信息，如网络白名单、服务白名单等，可展示 AGENT 主机安全监测软件已正确接收安全监测装置（用户名为 Remote）远程下发的参数时间、类型及内容，用于与安全监测装置通信调试。在主界面上点击"操作事件"按钮后可以显示参数修改信息，如图 11.1-24 所示。

内容	用户	时间	参数类型	模块	结果	参数信息
1	SYSTEM	2018-09-18 16:13:20	进程监视	watchdog	成功	start:client thread have began
2	SYSTEM	2018-09-18 15:59:16	进程监视	watchdog	成功	stop:client
3	SYSTEM	2018-09-18 15:56:22	进程监视	watchdog	成功	start:client thread have began
4	SYSTEM	2018-09-18 15:54:17	进程监视	watchdog	成功	stop:client
5	SYSTEM	2018-09-18 15:52:37	进程监视	watchdog	成功	start:client thread have began
6	SYSTEM	2018-09-18 15:37:02	进程监视	watchdog	成功	stop:client
7	wangxiaobin	2018-09-18 15:34:44	安全监测装置	setool	成功	192.168.1.1:8800
8	wangxiaobin	2018-09-18 14:27:12	网络连接白名单	setool	成功	udp,192.168.1.100,80 tcp,192.168.1.100,80 udp,192.168.1.101-192.168.1.200,0 tcp,192.168.1.101-192.168.1.200,0
9	SYSTEM	2018-09-18 09:04:40	进程监视	watchdog	成功	start:client thread have began
10	SYSTEM	2018-09-18 09:03:57	进程监视	watchdog	成功	stop:client
11	SYSTEM	2018-09-18 09:03:51	进程监视	watchdog	成功	start:client thread have began
12	SYSTEM	2018-09-18 09:03:51	进程监视	watchdog	成功	stop:client
13	SYSTEM	2018-09-17 19:54:35	进程监视	watchdog	成功	start:client thread have began
14	SYSTEM	2018-09-17 19:53:50	进程监视	watchdog	成功	stop:client
15	SYSTEM	2018-09-17 19:53:44	进程监视	watchdog	成功	start:client thread have began
16	SYSTEM	2018-09-17 19:53:43	进程监视	watchdog	成功	stop:client

图 11.1-24　参数修改信息界面

操作事件过多时会分页显示，提供对应按钮进行前/后翻页。

11.1.2.9　版本信息

该界面显示当前版本信息，在主界面上点击"版本信息"按钮后可以显示当前版本信息，如图 11.1-25 所示。

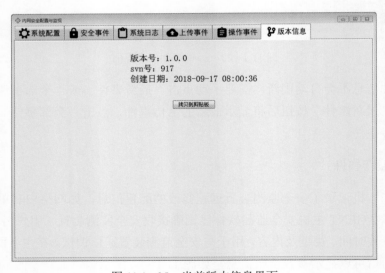

图 11.1-25　当前版本信息界面

11.1.3 网络设备支持情况

网络设备支持情况见表 11.1 − 3。

表 **11.1 − 3**   网 络 设 备 支 持 情 况

交换机型号	固件版本	软件版本	SNMP 协议支持情况	备注
CSC − 187Z	V3.0	V2.43	V2c/V3	
CSC − 187ZA	V3.0	V2.6.27	V2c/V3	
CSC − 187T	sicom3024P	F0016	V2c/V3	

11.1.4 网络设备接入具体操作方法

11.1.4.1 现场交换机配置文件备份

1. 现场交换机上电

若现场条件允许，请将待升级交换机相连装置断开，仅连接技术人员 PC，再进行升级操作。以防止 IP 冲突或者其他未知问题。

交换机处于正常启动状态，在 PC 机打开 CMD 窗口，用 FTP 方式登录，输入 FTP 192.168.0.X（192.168.0.X 是待升级交换机的 IP 地址）。

用户名：admin，密码：password。登录成功后会提示"user logged in"。如图 11.1 − 26 所示。

```
C:\Users\he-sheng>ftp 192.168.0.1
连接到 192.168.0.1。
220 VxWorks FTP server (VxWorks VxWorks 6.1) ready.
用户(192.168.0.1:(none)): admin
331 Password required
密码：
230 User logged in
ftp> ls
200 Port set okay
150 Opening BINARY mode data connection
prog
set
ccu
mse.conf
sysconfig.cfg
web
config
bootconfig
ROOT.log
vid1.cfg
ROOT.log1
226 Transfer complete
ftp: 收到 86 字节，用时 0.00秒 86.00千字节/秒。
ftp>
```

图 11.1 − 26   登录成功界面

输入命令"dir"显示所有文件和文件路径，如图 11.1-27 所示。

```
ftp> dir
200 Port set okay
150 Opening BINARY mode data connection
drwx------    1 user      group          4096 May  9 09:40 config
drwx------    1 user      group          4096 May 10 14:43 web
drwx------    1 user      group          4096 May  2  2017 temp
-rwx------    1 user      group          3271 May  9 09:36 mse.conf
-rwx------    1 user      group          3997 May 10 14:53 ROOT.log
drwx------    1 user      group          4096 May  9 11:41 prog
drwx------    1 user      group          4096 May  9 09:36 set
-rwx------    1 user      group             8 May  9 09:41 bootconfig
-rwx------    1 user      group          5248 May 10 14:44 rma.log
-rwx------    1 user      group            12 May  9 10:12 vid1.cfg
226 Transfer complete
ftp: 收到 614 字节, 用时 0.03秒 19.19千字节/秒。
ftp>
```

图 11.1-27　文件和文件路径界面

2. 配置文件 mse.conf 导出

输入命令"lcd d:/"，设置本地路径为 D 盘根目录。输入命令"get mse.conf"，出现"226 Transfer complete"，说明 mse.conf 文件导出成功，如图 11.1-28 所示。

```
ftp> lcd d:/
目前的本地目录 D:\。
ftp> get mse.conf
200 Port set okay
150 Opening BINARY mode data connection
226 Transfer complete
ftp: 收到 3271 字节, 用时 0.00秒 3271.00千字节/秒。
ftp>
```

图 11.1-28　mse.conf 文件导出成功界面

3. 配置文件 porttype.ini 导出

输入命令"cd web"，输入命令"get porttype.ini"，出现"226 Transfer complete"，说明 porttype.ini 文件导出成功（porttype.ini 作为备份，正常升级后若交换机功能异常可用来排错），如图 11.1-29 所示。

```
ftp> cd web
250 Changed directory to "z:web"
ftp> get porttype.ini
200 Port set okay
150 Opening BINARY mode data connection
226 Transfer complete
ftp: 收到 28 字节, 用时 0.00秒 28000.00千字节/秒。
```

图 11.1-29　porttype.ini 文件导出成功界面

11.1.4.2　配置文件 mse.conf 修改

mse.conf 文件修改仅针对配置有镜像功能的现场交换机，修改方式见表 11.1-4。

表 11.1－4　　配置文件 mse.conf 修改方式

名称	现场 2.37 版本	满足信息安全 2.6.27 版本
目的端口定义	interface fe1 【镜像目的端口为 fe1】	mirror enable 【镜像功能全局使能】 mirror destination interface fe1 【镜像目的端口为 fe1】
源端口定义	mirror interface fe2 direction both 【镜像源端口为 fe2 的收发】	mirror source interface fe2 direction both 【镜像源端口为 fe2 的收发】
源端口定义	mirror interface fe3 direction transmit 【镜像源端口为 fe3 的发】	mirror source interface fe3 direction transmit 【镜像源端口为 fe3 的发】
源端口定义	mirror interface fe4 direction receive 【镜像源端口为 fe4 的收】	mirror source interface fe4 direction receive 【镜像源端口为 fe4 的收】

11.1.4.3　准备升级软件

1. 出厂系统软件说明

下述文件由公司内部提供，请勿随意更改。将这些文件拷贝到同一个路径/目录下，如 switch_update_path。可以组成完成的升级系统软件。

各交换机机型共用的公共文件如图 11.1－30 所示，一共 10 个。

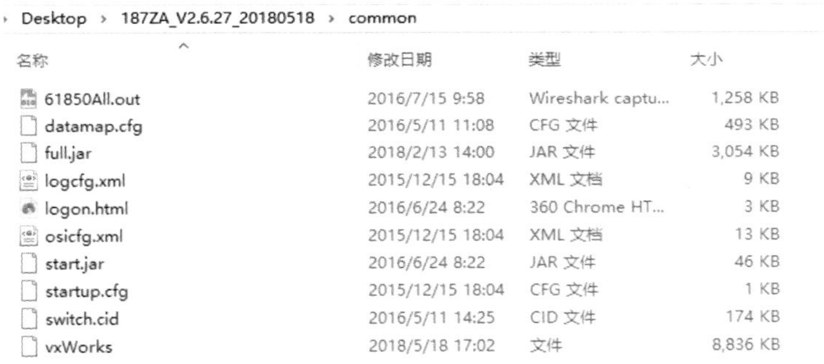
› Desktop › 187ZA_V2.6.27_20180518 › common

名称	修改日期	类型	大小
61850All.out	2016/7/15 9:58	Wireshark captu...	1,258 KB
datamap.cfg	2016/5/11 11:08	CFG 文件	493 KB
full.jar	2018/2/13 14:00	JAR 文件	3,054 KB
logcfg.xml	2015/12/15 18:04	XML 文档	9 KB
logon.html	2016/6/24 8:22	360 Chrome HT...	3 KB
osicfg.xml	2015/12/15 18:04	XML 文档	13 KB
start.jar	2016/6/24 8:22	JAR 文件	46 KB
startup.cfg	2015/12/15 18:04	CFG 文件	1 KB
switch.cid	2016/5/11 14:25	CID 文件	174 KB
vxWorks	2018/5/18 17:02	文件	8,836 KB

图 11.1－30　各交换机机型共用的公共文件

各个交换机机型的配置文件不同，如图 11.1－31 所示，一共 3 个。

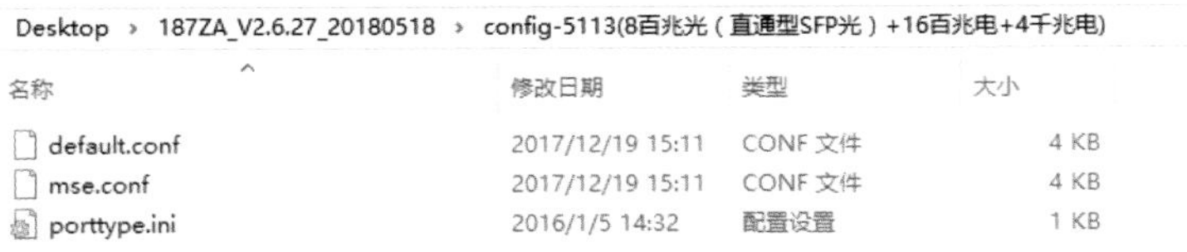
Desktop › 187ZA_V2.6.27_20180518 › config-5113(8百兆光（直通型SFP光）+16百兆电+4千兆电)

名称	修改日期	类型	大小
default.conf	2017/12/19 15:11	CONF 文件	4 KB
mse.conf	2017/12/19 15:11	CONF 文件	4 KB
porttype.ini	2016/1/5 14:32	配置设置	1 KB

图 11.1－31　各个交换机机型的配置文件

2. 待升级系统文件筹备

将 switch_upload_vxworks.bat、switch_upload_vxworks.ftp 拷贝到路径 switch_update_ path 下。最终的升级文件路径 switch_update_path 下包括 13 个需升级的文件和 2 个升级脚本文件，共 15 个文件，如图 11.1-32 所示。

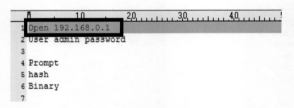

图 11.1-32 最终的升级文件路径

（1）原配置文件 mse.conf 导入。将导出并改好的 mse.conf 文件拷贝到路径 switch_update_path 下，覆盖默认的 mse.conf 文件。

（2）升级脚本 IP 配置。需要保证 switch_upload_vxworks.ftp 内容第一行 IP 地址与待升级交换机 IP 地址一致，如图 11.1-33 所示。

```
       10         20         30         40
1 Open 192.168.0.1
2 User admin password
3
4 Prompt
5 hash
6 Binary
7
```

图 11.1-33 升级脚本 IP 配置界面

11.1.4.4 开始软件升级

1. 连接检查

打开 PC 机 CMD 窗口，保证 PC 机能够 Ping 通交换机 IP 地址。

2. 开始升级

双击 switch_upload_vxworks.bat，查看 CMD 窗口出现"请按任意键继续…"字样，说明升级成功，整个过程大概需要 10min 左右。

在升级过程中，可以查看各个文件的升级情况（如图 11.1-34 中 put "logcfg.xml"所示），出现"226 Transfer complete"字样表示文件升级成功。

一般情况下不需要查看，只有升级失败的时候，需要查看升级过程中出了什么问题。

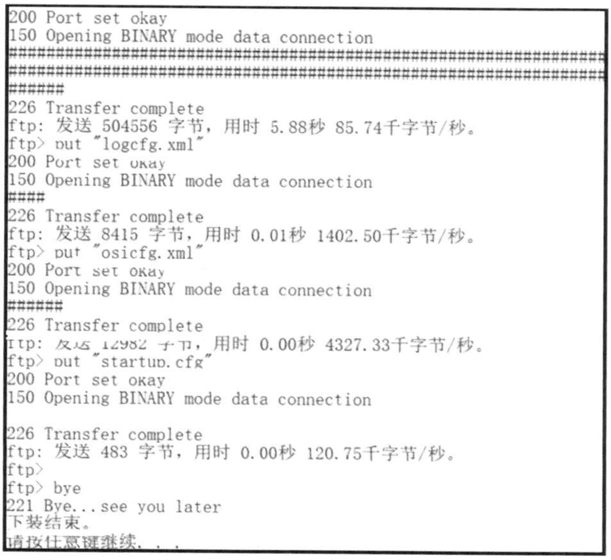

```
200 Port set okay
150 Opening BINARY mode data connection
##################################################################
#####
226 Transfer complete
ftp: 发送 504556 字节, 用时 5.88秒 85.74千字节/秒。
ftp> put "logcfg.xml"
200 Port set okay
150 Opening BINARY mode data connection
####
226 Transfer complete
ftp: 发送 8415 字节, 用时 0.01秒 1402.50千字节/秒。
ftp> put "osicfg.xml"
200 Port set okay
150 Opening BINARY mode data connection
#####
226 Transfer complete
ftp: 发送 12982 字节, 用时 0.00秒 4327.33千字节/秒。
ftp> put "startup.cfg"
200 Port set okay
150 Opening BINARY mode data connection

226 Transfer complete
ftp: 发送 483 字节, 用时 0.00秒 120.75千字节/秒。
ftp>
ftp> bye
221 Bye...see you later
下装结束。
请按任意键继续。。。
```

图 11.1-34　各个文件的升级情况界面

3. 升级后检查

升级成功后,重启交换机。使用新的登录工具"java_switch_信息安全软件用"登录交换机(注意升级后的交换机的 IP 变为默认的 192.168.0.1,而不是原来的 IP)。查看软件版本、VLAN 划分、端口镜像等配置是否正常。

(1)软件版本。软件版本查看如图 11.1-35 所示。

图 11.1-35　软件版本界面

（2）VLAN 划分、端口镜像。若是导入修改后的现场 mse.conf 文件，VLAN 划分、端口镜像等配置应保持不变。若是导入的出厂默认系统软件，VLAN、端口镜像应全部初始化为默认状态。

11.1.4.5　WEB 登录工具说明

Java_switch_old、Java_switch_new 是交换机的登录工具。工具版本与交换机软件版本搭配见表 11.1−5。

表 11.1−5　　　　　　　　　　工具版本与交换机软件版本搭配

交换机软件版本	Java_switch	Java 运行环境版本
187Z−2.37	Java_switch_old_2.1	Jre 1.6.0
187Z−2.43	Java_switch_new_4.18	Jre 1.8.0
187ZA−2.5.0/2.5.2	Java_switch_new_4.07	Jre 1.8.0
187ZA−2.6.27	Java_switch_new_4.18	Jre 1.8.0

11.1.4.6　备份升级方案

当上述升级过程异常或升级文件异常，导致交换机系统无法正常启动时，可通过 bootrom 模式重新升级软件。但需准备 USB−232 转换器（公头，市面可买到）、232−RJ45 定制线（232 端母头，厂家定制线）各一根。

1. 启动串口登陆工具

用 Console 调试线连接交换机灯板上的 Console 口和 PC，使用 SecureCRT、putty 等串口登录工具，按照图 11.1−36 所示参数配置后开始登录。

图 11.1−36　参数配置界面

2. 交换机上电进入 bootrom

将交换机上电,在倒计时到 0 之前按回车,如图 11.1-37 所示。

```
ROOT#
ROOT#
ROOT#Cold reboot

#
Bootrom version:1.4.0(Compiled Feb 10 2017,14:45:58)
Press any key to stop auto-boot...
1

[System Boot]:
[System Boot]:
```

图 11.1-37 交换机上电界面

3. 修改 bootrom 参数,从网口启动

在命令行输入小写的"c"→回车→输入"mottsec0",然后一直回车到"other"一行,要将模式改为"server"(如果下载端口为光口,需改为 X server),将启动模式改为从网口启动,点击"@"重启,如图 11.1-38 所示。

```
[system Boot]:
[system Boot] :

'.' = clear field;    '-' = go to previous field;   ^D = quit

boot device          : tffs=0.00 mottsec
processor number     : 0
host name            : host
file name            : tffs0/prog/vxworks
inet on ethernet (e) : 192.168.0.111
inet on backplane (b) :
host inet (h)        : 192.168.0.222
192.168。0.111
gateway inet (g)     :
user (u)             : admin
ftp password (pw) (blank = use rsh): admin
flags (f)            : 0x0
target name (tn)     :
startup script (s)   :
other (o)            : client server

[system Boot] :
[system Boot] :
[system Boot] :@
Attaching interface 1o0...done
unit 0, phyAdd 0x1c, id1=0xffff, id2=0xffff
0xcfa448 (tBoot): unit 0 100Mbps, maccfg2=0x7107 , ecntr 1=0x 3000
unit 1, phyAdd 0x4, id1=0xffff, id2=0xffff
0xcfa448 (tBoot): unit 1 100mbps, maccf g2=0x7107 , ecntr 1=0x 3000
Attached IPv4 interface to mottsec unit 0
set copper mode
flash devID-0x2222
cant mk dir prog
cant mk dir set
cant mk dir config
cant mk dir web
```

图 11.1-38 重启界面

4. 升级所有系统软件

将 PC 机的网口的 IP 配置成 192.168.0.×××,但是不能与被测交换机 IP (192.168.0.111)一样,用网线或者光纤连接 PC 机和交换机的第一个网口。

连接成功后（如图 11.1－39 所示，能够 ping 通），将要更新的系统软件（共 13 个）和批处理文件（"Switch_upload_bootrom.bat"和"Switch_upload_bootrom.ftp"）放在同一个路径下。

```
Microsoft Windows [版本 10.0.14393]
(c) 2016 Microsoft Corporation。保留所有权利。

C:\Windows\system32>ping 192.168.0.111

正在 Ping 192.168.0.111 具有 32 字节的数据:
来自 192.168.0.111 的回复: 字节=32 时间<1ms TTL=64
来自 192.168.0.111 的回复: 字节=32 时间<1ms TTL=64
来自 192.168.0.111 的回复: 字节=32 时间<1ms TTL=64
```

图 11.1－39　连接成功界面

双击批处理文件"Switch_upload_bootrom.bat"，开始上传系统软件。软件上传时间约 10min，请不要在中途断电。

5. 修改 bootrom 参数，重新从 flash 启动

软件上传完毕后，点击"CTRL＋X"重启，再通过串口终端，将启动模式改为从 Flash 启动。将交换机上电，在倒计时到 0 之前按回车。

在命令行输入小写的"c"→回车→输入将"mottsec0"改为"tffs＝0，0"，并将"file name"下路径改为"tffs0/prog/vxWorks"（若没有问题，则不改），点击"@"重启即可正常启动。正常启动后默认 IP 为 192.168.0.1。如图 11.1－40 所示。

```
[system Boot]: c
'.' = clear field;   '-' = go to previous field;   ^D = quit

boot device          : mottsec0 tffs0,0
processor number     : 0
host name            : host
file name            : tffs0/prog/vxworks
inet on ethernet (e) : 192.168.0.111
inet on backplane (b):
host inet (h)        : 192.168.0.222
192.168。0.111
gateway inet (g)     :
user (u)             : admin
ftp password (pw) (blank = use rsh): admin
flags (f)            : 0x0
target name (tn)     :
startup script (s)   :
other (o)            :server

[system Boot] :@
```

图 11.1－40　重启界面

串口连接交换机，可以通过 start－shell 和 showip 指令查看交换机网络设置。

11.1.4.7　CSC187Z/CSC187ZA 设置

交换机升级完毕后，使用 switch－418.bat 工具登录交换机，具体步骤同上。登录后

进入基本配置—网络，按照以下步骤进行设置。

（1）保持交换机 IP 地址为默认，将 Trap IP 地址修改为安全监测装置网口 IP，点击"设置"按钮，如图 11.1−41 所示。

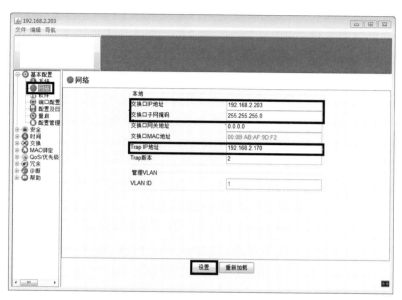

图 11.1−41　基本配置界面

（2）修改交换机 IP 地址与子网掩码，保证交换机 IP 地址、安全监测装置 IP 地址、服务器主机 IP 地址在同网段，掩码配置相同，然后点击"设置"按钮，切换到"配置管理"点击"保存配置"，如图 11.1−42 所示。

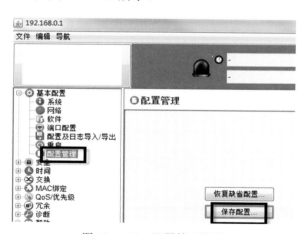

图 11.1−42　配置管理界面

（3）由于修改交换机 IP 地址，装置会报写数据失败，实际已经写入，用新 IP 重新登录，检查交换机 IP 地址、子网掩码及 Trap IP 地址是否修改成功。

11.1.5 常见问题及解决办法

（1）Windows XP 无法触发"操作命令"和"操作回显"告警。

当 Windows XP 无法触发"操作命令"和"操作回显"告警时，需进行以下特殊操作：

1）在开始菜单中选择"SFHostSafe"的"停止服务"来停止主机 AGENT 服务，即退出 seclient、wsemonitor 进程。

2）进入 C:\Program Files\sfhostsafe\bin 目录，双击 wsemonitor 手动运行该进程。

3）启动 bin\sfcmd.exe，启动界面工具，此时在 sfcmd 中输入 dir 命令运行，在界面工具中是能看到操作命令和操作回显的，保持 sfcmd 命令窗口和 setool 界面工具不关闭。

4）退出 wsemonitor 进程（在任务管理器中杀进程），在开始菜单中选择"SFHostSafe"的"启动服务"。

5）在 sfcmd 命令窗口重新输入 dir 命令，界面工具上有操作命令和操作回显信息，关闭 sfcmd 命令窗口，在开始菜单中选择"SFHostSafe"的"四方 cmd"新开 sfcmd 命令窗口，在该窗口下输入 dir 命令可正常触发操作命令和操作回显。

（2）nssm.exe 文件被杀毒工具误杀。C:\Program Files\sfhostsafe\bin\nssm.exe 文件会修改系统服务，故可能会被 360 杀毒软件等工具误报有毒，安装包中此文件没有问题，请让杀毒工具信任此文件。

（3）主机设备网卡 up、down 事件触发上送异常及远程断网失败。一个网口绑定多个 IP，会影响网卡 up、down 事件及断网事件。

（4）Windows/Linux/Solaris 操作系统中部署 AGENT 程序，连接安全监测装置失败。

检查物理链路是否畅通，可通过 ping 命令进行查证。在主机上运行 Telnet 方式测试下，正常情况示例如图 11.1-43 所示（安全监测装置为 192.168.2.239）。

```
[root@localhost install]# telnet 192.168.2.239 8800
Trying 192.168.2.239...
Connected to 192.168.2.239.
Escape character is '^]'.
Connection closed by foreign host.
```

图 11.1-43　正常情况示例图

如果安全监测装置通信进程未启，则示例如图 11.1-44 所示（安全监测装置为 192.168.2.200）。

```
[root@localhost install]# telnet 192.168.2.200 8800
Trying 192.168.2.200...
telnet: connect to address 192.168.2.200: Connection refused
```

图 11.1-44　安全监测装置通信进程未启示例图

如果物理链路不通，情况示例如图 11.1-45 所示（安全监测装置为 33.11.1.6）。

```
[root@scada1 app]# telnet 33.11.1.6 8800
Trying 33.11.1.6...
telnet: connect to address 33.11.1.6: Connection timed out
[root@scada1 app]#
```

图 11.1-45 物理链路不通示例图

（5）Windows 操作系统上安装 AGENT 失败，错误提示如"配置服务错误安装失败！！请按任意键继续…"。

启动服务、停止服务、卸载都需要管理员权限。对于 Windows 7 以上系统必须点击右键菜单"以管理员权限运行"的方式来运行。依赖服务必须启动，如果没有启动，会引起安装失败，具体包含 Windows 7 的"Windows Event log""COM＋Event System"和 Windows XP 的"Windows Event log""COM＋Event System"。

提示安装错误的可能原因是杀毒工具误判断 nssm.exe 为病毒，禁止其配置服务。

（6）网络设备修改 IP 无法保存。

修改如图 11.1-46 所示的交换口 IP 后点击"设置"，请不要急于到"配置管理"中点击"保存配置"，请先关闭登录工具用修改后的 IP 重新登录，再到"配置管理"中点击"保存配置"。

本地	
交换口IP地址	192.168.0.2
交换口子网掩码	255.255.0.0
交换口网关地址	0.0.0.0
交换口MAC地址	00:0B:AB:A4:A9:4A
Trap IP地址	0.0.0.0
Trap版本	2
管理VLAN	
VLAN ID	1

图 11.1-46 交换口 IP 地址

（7）网络设备的 Trap IP 配置与 SNMP 版本问题，Trap IP 地址与网络安全监测装置 IP 地址保持一致；Trap 版本填写 2 或者 3。如图 11.1-47 所示。

本地	
交换口IP地址	192.168.0.2
交换口子网掩码	255.255.0.0
交换口网关地址	0.0.0.0
交换口MAC地址	00:0B:AB:A4:A9:4A
Trap IP地址	0.0.0.0 与网络安全监测装置IP地址一致
Trap版本	2 可手填2或3，分别SNMP的V2版本或V3版
管理VLAN	
VLAN ID	1

图 11.1-47 网络设备的 Trap IP 配置与 SNMP 版本问题

（8）CSC－187ZA 千兆光外接设备无法建立链接问题。如图 11.1－48 所示，勾选自动协商并保存。

图 11.1－48　端口配置界面

（9）遗忘交换机 IP 导致无法登录。

有时现场会遗忘交换机 IP，可通过 Console 口登录查看。登录方式请参考之前内容。分别输入"start－shell""show ip"可以查看交换机 IP、SNMP 版本等信息，如图 11.1－49 所示。

```
ROOT>start-shell

-> showip
switch port ipaddr : 192.168.0.2
switch port mask   : 255.255.0.0
switch port gateway: 0.0.0.0

mms port ipaddr    : 172.10.0.1
mms port mask      : 255.255.0.0
mms port gateway   : 0.0.0.0

snmp trap ipaddr   : 0.0.0.0
snmp trap version  : v2

snmp remote ipaddr :
user operation mode: cmd

value = 26 = 0x1a
```

图 11.1－49　交换机 IP、SNMP 版本信息

11.2　许继电气股份有限公司（许继电气）

11.2.1　主机设备 AGENT 支持情况

主机类 AGENT 支持情况见表 11.2−1。

表 11.2−1　　　　　　　　　　　主机类 AGENT 支持情况

主机类型	操作系统	操作系统版本号	位数	各厂商 AGENT 支持情况
监控主机	Windows	Windows XP	32 位	许继电气（无）
				适配：无
				支持：北京科东、南瑞信通、东方电子、东方京海
				兼容：无
			64 位	许继电气（无）
				适配：无
				支持：无
				兼容：南瑞信通
	Redhat	Redhat 6.5	32 位	许继电气（适配）
				支持：无
				兼容：上海思源、东方京海
			64 位	许继电气（无）
				支持：南瑞继保、东方电子、东方京海、积成电子
				兼容：北京科东、南瑞信通、珠海鸿瑞
	Solaris	Solaris 10u10	32 位	许继电气（适配）
				支持：许继电气
				兼容：无
			64 位	许继电气（无）
				支持：北京四方
				兼容：无

注　同型号监控系统中操作员站、维护工程师站、综合应用服务器、保信子站的操作系统与监控主机保持一致。

装置类（如数据网关机）AGENT 支持情况见表 11.2-2。

表 11.2-2　　　　　　　　　　　装置类 AGENT 支持情况

装置类型	装置型号	软件版本	中国电科院测试情况	备 注
通信网关机	WYD-811	Debian4、Debian5		
通讯网关机	MCE-812	Debian5		
图形网关机	CJK-8505	Solaris 10		
图形网关机	CJK-8506	Solaris10		
图形网关机	CJK-8506B	Solaris10		
图形网关机	MCS-8500	RedHat6.5		

11.2.2　主机设备接入具体操作方法

11.2.2.1　AGENT 支持情况

目前许继自主研发的 AGENT 有两种，分别是 MCS-802 操作系统安全信息监测工具和 CSU8000 操作系统安全信息监测软件。MCS-802 操作系统安全信息监测工具提供对服务器的 Solaris 10 和 RedHat 6.5 操作系统的 AGENT 功能支持，CSU8000 操作系统安全信息监测软件提供对网关机的 Debian 4 和 Debian 5 操作系统的 AGENT 功能支持。此外，对 Windows 系统进行支持的 AGENT 正在开发中，变电站现场接入时根据实际情况可进行 Windows 技术支持。

11.2.2.2　Solaris 操作系统主机接入流程

1. 环境配置

将 monitorserver.tar.zip 文件在笔记本上解压后上传到监控主机进行解包，解压出 sudosetup.tar、config.sh 文件和 bin.tar 压缩包，以 Root 用户执行 config.sh 脚本，当终端提示 write success 时，即为该脚本执行成功，该脚本只需要执行一次，请勿重复执行。控制台如图 11.2-1 所示。

图 11.2-1　控制台界面

2. 系统升级

该程序需要使用监控系统的 sudo 包,所以请先确保被监测设备操作系统已安装此包。检查方法为在终端输入 sudo+任意命令,如果命令能够执行成功,则为安装过此包;如果命令执行不成功,则表示此包没有安装,执行以下步骤进行安装(以 Root 用户执行):

(1)执行 tar−xvf sudosetup.tar(sudosetup.tar 为 sudo 的安装包)。

(2)将 bin.tar 解压后,将 bin 目录下的所有文件拷贝到 sudosetup/cbin 目录,否则安装时会报缺少 qt 的库文件。

系统升级界面如图 11.2−2 所示。

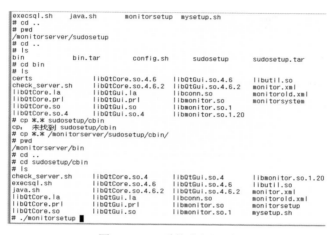

图 11.2−2 系统升级界面

(3)执行命令 cd sudosetup/cbin./monitorsetup,然后按图形界面提示操作即可,如图 11.2−3所示。

图 11.2−3 执行命令界面

（4）执行完毕后重启主机服务器，使配置生效。

3. 安装部署

（1）解压 bin.tar 到任意目录。

（2）打开终端，输入 exit 命令（此步骤为退出操作回显，此时会看到"脚本完成"的提示，表示回显已退出），然后进入 bin 目录。

（3）运行监控程序./monitorsystem（使用 Root 用户权限）。

（4）配置网络安全监测装置 IP 及端口（点击 netinfo 按钮），如图 11.2－4 所示。

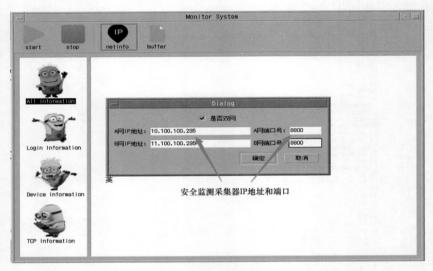

图 11.2－4　配置网络安全监测装置 IP 及端口界面

（5）配置白名单列表（点击 parameter 按钮，选择 whitelist 菜单），如图 11.2－5 所示。

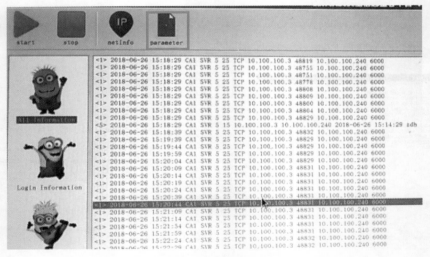

图 11.2－5　配置白名单列表界面

（6）开始运行（点击 start 按钮）。

4. 测试说明

（1）登录成功/登录退出，用 FTP 登录模拟操作产生，如图 11.2-6 所示。

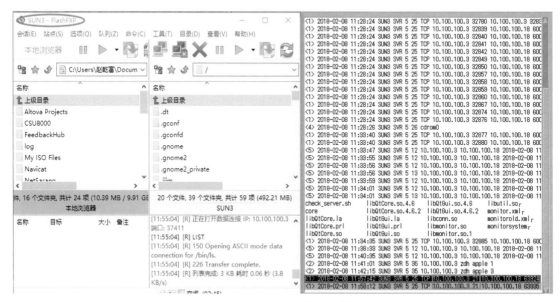

图 11.2-6　FTP 登录模拟操作界面

（2）登录失败，使用 Telnet 登录进行模拟，部分 Solaris 主机不记录 SSH 产生的失败信息，如图 11.2-7 所示。

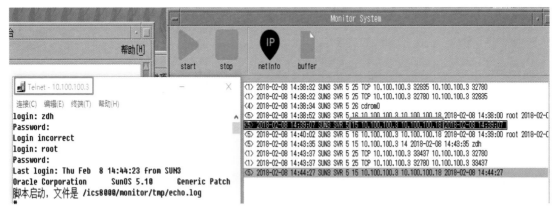

图 11.2-7　登录失败界面

（3）操作命令/操作回显/U 盘插拔，终端直接输入命令进行操作产生对应信息。

（4）串口占用/释放，查看/dev/term 下的文件名，输入 echo test＞/dev/term/任意一个存在的文件名，即可产生串口信息，如图 11.2-8 所示。

厂站电力监控系统网络安全监测装置部署操作指南

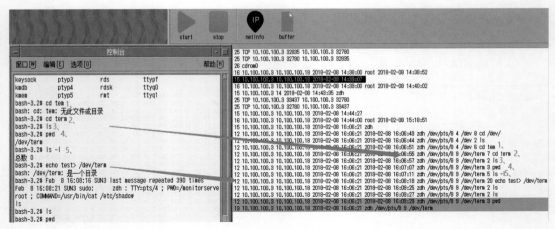

图 11.2-8　串口信息界面

（5）主机服务器无并口硬件，不能测试并口信息。

（6）光盘挂载/光盘卸载，将光盘放入光驱，即可产生光盘挂载信息；将光盘弹出，即可产生光盘卸载信息。

（7）非法外联信息，白名单之外的 IP 使用 SSH 登录主机即可产生非法外联信息。

（8）存在光驱设备信息为主动上送，默认周期为 86 400s，配置文件可修改，缩短周期。

（9）开放非法端口，输入命令/etc/init.d/mysqld stop 和/etc/init.d/mysqld start，即可产生 3306 端口的告警信息，如图 11.2-9 所示。

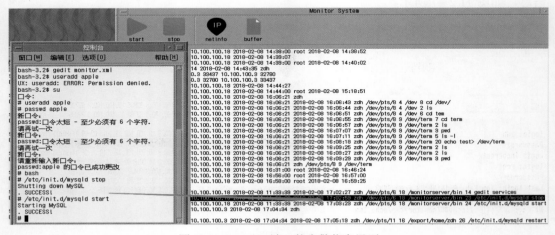

图 11.2-9　3306 端口的告警信息界面

（10）网口 UP/网口 DOWN，将主机的网口与设备连接或断开即可产生对应信息。

（11）关键文件/目录变更，配置文件中配置关键路径有/export/home/zdh，在该路径下添加、修改、删除文件即可产生对应的信息，如图 11.2-10 所示。操作示例如下：

74

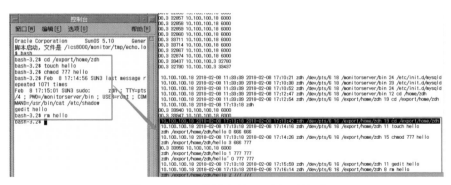

图 11.2－10　关键文件/目录变更界面

cd/home/zdh；

touch hello//此步骤会产生添加文件信息；

chmod 777 hello//此步骤会产生权限变更信息；

gedit hello//在文件中写入内容，会产生文件修改信息；

rm hello//此步骤会产生文件删除信息。

（12）用户权限变更，如图 11.2－11 所示。操作示例如下（以 Root 用户执行）：

图 11.2－11　用户权限变更界面

useradd apple//此步骤会产生新增用户信息；

passwd apple//填入密码后，会产生密码修改信息；

usermod－g root apple//此步骤会产生用户组修改信息；

userdel apple//此步骤会产生用户删除信息。

11.2.2.3 RedHat 操作系统主机接入流程

1. 部署准备

将 monitorserver.tar.zip 文件在笔记本上解压后上传到监控主机进行解包，里面包含 rpm 文件夹、config.sh 文件和 bin.tar 压缩包。

以 Root 用户执行 config.sh 脚本，当终端提示 write success 时，即为该脚本执行成功；该脚本只需要执行一次，请勿重复执行。

2. 安装部署

参照 Solaris 操作系统主机接入流程的安装部署。

3. 测试说明

参照 Solaris 操作系统主机接入流程的测试说明。

11.2.2.4 Debian 操作系统主机接入流程

1. 基本信息

（1）适用操作系统范围：Debian4.0 和 Debian5.0。

（2）适用设备范围。

1）中科：无点号（旧版 6 网口、8 网口设备）。

2）点号：2XJ 348 341.5－16，2XJ 348 695.1－3。

（3）网关机程序版本。

1）版本为 3.20 及 3.22：无须更换网关机程序，仅需升级配置工具进行安全代理软件部署。

2）版本低于 3.20：需先升级网关机程序至 3.20，再进行安全代理软件部署。

注：请首先做好工程配置备份。

2. 工具升级

将压缩包中 CSU8000/bin 目录中程序（guiedit.exe、sermotredit.dll、connmodedit.dll、netproxyEdit.dll、moduleEdit.dll、dbedit.dll、iec104edit.dll）拷贝入工程 CSU8000/bin 目录。

注：工具版本目前仅支持 3.20 及 3.22 版。

3. 数据库升级

（1）升级配置文件。将压缩包中 CSU8000/bin/res 目录中配置文件（connmod_fun.xml、dbupdate.xml、module0、sermotr_fun.xml）拷贝入工程 CSU8000/bin/ res 目录。

（2）升级数据库。运行 bin/dbupdate.exe，升级数据库，如图 11.2－12 所示。

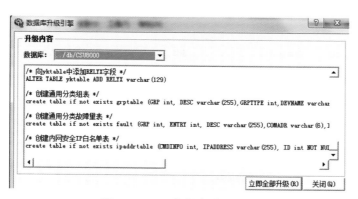

图 11.2-12　数据库升级界面

4. 配置安全监视服务及通信模块

（1）模块编辑。在模块编辑器中，添加内网安全监视服务（sermotr）和内网通信模块（connmod），如图 11.2-13 所示。

	模块名称	模块标示	描述	运行机1是否启用	启动延时
1	dbserver	201	数据服务	☑	30000
2	appserver	202	应用服务	☑	30000
3	m61850	101	IEC61850协议装置	☑	800000
4	sntpc	105	SNTP客户端模块	☑	30000
5	iec104	1	IEC104转发规约(中调)	☑	30000
6	iec104	2	IEC104转发规约(超调)	☑	30000
7	iec104	3	IEC104转发规约(网调)	☑	30000
8	netproxy	115	网络代理模块		30000
9	iec101	4	IEC101转发规约、通道号取值(网调)		30000
10	sermotr	215	内网安全监视服务	☑	30000
11	connmod	9	内网通信模块	☑	30000

图 11.2-13　模块编辑器界面

connmod 模块的模块标示（通道号）在启动脚本中默认为 9，若此处配置为其他通道号，请更改 AGENT.sh 中启动参数，如图 11.2-14 所示。

```
#!/bin/bash

export LD_LIBRARY_PATH=.:./usrdsk/CSU8000/bin
export PATH=$PATH:.

cd /usrdsk/CSU8000/a_bin
sleep 5
./sermotr 215 &
sleep 5
./connmod 9 &
cd ../..
```

图 11.2-14　connmod 模块标示

（2）取消启用标识。取消 sermotr 和 connmod 两个模块的启用标识，如图 11.2-15 所示。

注：安全监视服务模块和通信模块通过脚本独立运行。

	模块名称	模块标示	描述	运行机1是否启用	启动延时
1	dbserver	201	数据服务	☑	30000
2	appserver	202	应用服务	☑	30000
3	m61850	101	IEC61850协议装置	☑	800000
4	sntpc	105	SNTP客户端模块	☑	30000
5	iec104	1	IEC104转发规约(中调)	☑	30000
6	iec104	2	IEC104转发规约(超调)	☑	30000
7	iec104	3	IEC104转发规约(网调)	☑	30000
8	netproxy	115	网络代理模块	☑	30000
9	iec101	4	IEC101转发规约,通道号取值(网调)	☑	30000
10	sermotr	215	内网安全监视服务	☐	30000
11	connmod	9	内网通信模块	☐	30000

图 11.2-15 取消启用标识界面

（3）监视服务配置。根据现场实际情况，配置以下几项参数：

1）本地 IP 地址。字段名称为 LOCAL_IP_ADDR，此参数用于安全监视报文中标识网关机的 IP 地址。一般填写与安全监测装置通信的 IP 地址。

2）Linux 版本号。字段名称为 LINUX_VER_NO，此参数用于配置网关机的操作系统版本，与实际操作系统版本一致即可。其中 Debian4.0 配置为 1，Debian5.0 配置为 2。

3）串口配置。字段名称为 SERIAL_CFG_NO，此参数用于配置合法使用的串口号，即与调度通信的串口通道，均须在此配置为 1。若其中某通道所使用串口配置为 0（未使用），则会上送"串口占用"的安全事件。

4）设备名称。字段名称为 DEVNAME，此参数用于标识运行安全代理的设备，可根据现场情况配置，如 YD1 和 YD2。

5）网口个数。字段名称为 EthernetInterface_Num，须根据实际网口数量进行配置，如图 11.2-16 所示。

厂商选择：通用   ☐ 选择启用

规约字段

	字段	取值	描述
1	LOGIN_CHK_TIME	500	用户登录巡检时间 单位：毫秒
2	OP_CHK_TIME	500	用户操作巡检时间 单位：毫秒
3	USB_CHK_TIME	500	USB插拔巡检时间 单位：毫秒
4	SERIAL_CHK_TIME	500	串口事件巡检时间 单位：毫秒
5	IP_CHK_TIME	500	外联事件巡检时间 单位：毫秒
6	PORT_CHK_TIME	500	非法端口巡检时间 单位：毫秒
7	SERIAL_FREE_TIME	60	串口释放判断时间 单位：秒
8	CDROM_EXIST_CHK_TIME	20	光驱设备告警判断时间 单位：秒
9	LOCAL_IP_ADDR	10.100.100.10	本地IP地址
10	LINUX_VER_NO	2	1:Debian4 2:Debian5
11	SERIAL_CFG_NO	COM1:0 COM2:0···	串口配置说明：COM1:n n=0未使用 n=1已使用
12	EthernetInterface_Check_Time	500	网口状态巡检周期 单位：毫秒
13	EthernetInterface_Num	12	网口个数
14	DEVNAME	WYD-611-01	设备名称

图 11.2-16 网口数量配置界面

（4）通信服务配置。配置安全监测装置的 IP 地址，如图 11.2－17 所示。

图 11.2－17　安全监测装置 IP 地址配置界面

5. 事件参数配置

（1）非法外联 IP 白名单。

1）自动生成白名单。

a）新建变电站。配置过程中，将自动生成 IP 白名单。在 IP 白名单以外的 IP 访问网关机，将触发"非法外联"安全事件。

b）在运变电站。

a. 运行 guiedit 配置工具，选择数据库编辑，修改任意地方并保存，然后再将改动复原并保存，如图 11.2－18 所示。

图 11.2－18　guiedit 配置工具界面

b. 选择通道配置，选择通信参数，修改任意地方并保存，然后再将改动复原并保存（含 IP 的通道，主要包括 iec104、netproxy、connmod、db、module）。

c. 打开业务配置→远程服务，修改任意位置并保存，然后将改动复原并保存，如图 11.2－19 所示。

图 11.2－19　远程服务配置界面

2）手动添加白名单。暂时不支持通过 guiedit 配置工具添加 IP 白名单。若需在 ipaddrtable 表中手动添加 IP 地址白名单，使用 CSU8000\tools\SqliteDev.exe，使用方向键↓添加，CMDINFO 为通道号，手动添加时填写 50～60 之间的数，ID 号唯一。如图 11.2−20 所示。

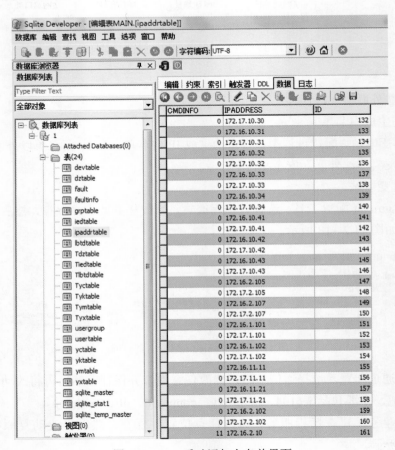

图 11.2−20　手动添加白名单界面

（2）端口白名单。该表目前已采用 dbupdate.exe 工具自动添加。但仍应检查该表是否正常。

采用 SqliteDev.exe 工具打开 serviceporttable 表，查看下述端口号是否有遗漏，如有遗漏，应手动添加。若有其他端口号不在下述列表中，应反馈，以便更新脚本及说明文档。

22：远程连接

102：61850 协议

2404：104 协议

3000：告警直传

3001：远程浏览

8299：同步协议

8190：消息访问

8398：文件传输

8198：IP 查询服务端

8199：IP 查询客户端

（3）关键文件目录。检查 criticalpathtable 表中是否如图 11.2-21 的配置。若未正确配置，可能会影响"关键文件目录变更"。

图 11.2-21　关键文件目录配置界面

6. 程序升级

程序包日期：20180712。

将压缩包中 agent.sh、agent.tar、install_agent.sh，传入设备/usrdsk 目录中，如图 11.2-22 所示。

图 11.2-22　程序升级界面

运行 sh install_agent.sh 命令安装安全代理程序及配置环境变量。如图 11.2-23 所示。

注：运行 sh install_agent.sh 命令时也可带参数安装：

-d4　　　　　//Debian4 操作系统

-d5　　　　　//Debian5 操作系统

7. 设置网关机 IP 地址

根据安全监测装置所分配 IP 地址，在 guimonitor 远程管理界面中设置与安全监测装置通信的 IP 地址，如图 11.2-24 所示。

```
TechYauld:/usrdsk# sh install_agent.sh
os is debian5
*************TAR EXEC*****************
set agent bin ok!
libconn.so
libcrypto.so
libcrypto.so.1.0.0
libsadsm2sm3.so
libsmxlib.so
libssl.so
libssl.so.1.0.0
sermotr
connmod
libutil_a.so
libSqlAccess_a.so
libdblib_a.so
*************SET START SCRIPT*****************
agent.sh already ok!
*************SET ENVIREMENT COMMAND*****************
set PROMPT_COMMAND of debian5
set PROMPT_COMMAND ok!
*************SET ENVIREMENT USER*****************
set user.log ok!
set commandreplay.log ok!
*************SET SHIELD IPV6*****************
```

图 11.2－23　配置界面

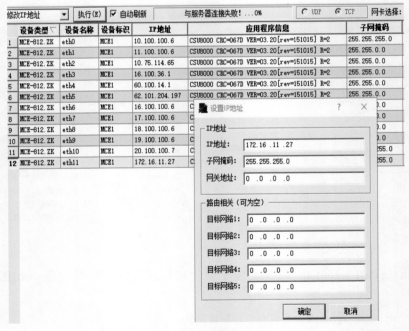

图 11.2－24　网关机 IP 地址设置界面

8. 配置更新

更改工程配置结束后，运行 guimonitor 选择远程管理中的配置更新。

9. 重启网关机

（1）重启网关机。

（2）运行 putty 连接网关机，可查看进程是否正常启动，如图 11.2－25 所示。

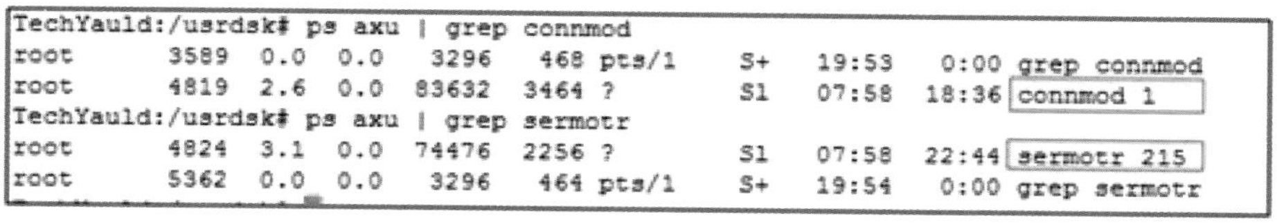

```
TechYauld:/usrdsk# ps axu | grep connmod
root      3589  0.0  0.0   3296    468 pts/1   S+   19:53   0:00 grep connmod
root      4819  2.6  0.0  83632   3464 ?       S1   07:58  18:36 connmod 1
TechYauld:/usrdsk# ps axu | grep sermotr
root      4824  3.1  0.0  74476   2256 ?       S1   07:58  22:44 sermotr 215
root      5362  0.0  0.0   3296    464 pts/1   S+   19:54   0:00 grep sermotr
```

图 11.2－25　putty 连接网关机界面

（3）运行 guimonitor 可查看 sermotr 及 connmod 模块是否正常启动，如图 11.2－26 所示。

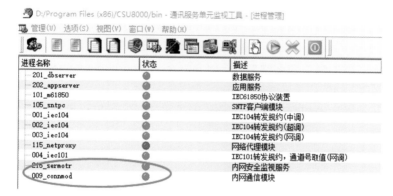

图 11.2－26　模块启动界面

10. 其他注意事项

（1）非法外联的误报。检查 IEC 61850 的 SCD 模型与数据库是否一致，不一致时可能会导致非法外联事件误报，如某些变电站 SCD 模型中有保护设备 IED，但网关机却未导入数据库。

解决方法：手动将 SCD 模型中 IP 地址添加至白名单表即可。

（2）配置文件改动说明。

1）bin/res/dbupdate.xml 文件。

＜SQL desc＝"创建内网安全 IP 白名单表"＞create table if not exists ipaddrtable（ID int NOT NULL PRIMARY KEY UNIQUE，CMDINFO int，IPADDRESS varchar（255），PROTOCOL varchar（255），REMOTEPORT int）＜/SQL＞

＜SQL desc＝"创建内网安全服务端口表"＞create table if not exists serviceporttable（ID int NOT NULL PRIMARY KEY UNIQUE，SERVICEPORT int，SERVICENAME varchar

（255））</SQL>

<SQL desc="创建内网安全关键路径表">create table if not exists criticalpathtable（ID int NOT NULL PRIMARY KEY UNIQUE，CRITICALPATH varchar（255））</SQL>

<SQL desc="添加关键路径记录">insert into criticalpathtable values（1，'/usrdsk/CSU8000'）</SQL>

<SQL desc="添加端口白名单">insert into serviceporttable values（1，22，'远程连接'）</SQL>

<SQL desc="添加端口白名单">insert into serviceporttable values（2，102，'61850协议'）</SQL>

<SQL desc="添加端口白名单">insert into serviceporttable values（3，2403，'103协议'）</SQL>

<SQL desc="添加端口白名单">insert into serviceporttable values（4，2404，'104协议'）</SQL>

<SQL desc="添加端口白名单">insert into serviceporttable values（5，2405，'104协议'）</SQL>

<SQL desc="添加端口白名单">insert into serviceporttable values（6，2406，'104协议'）</SQL>

<SQL desc="添加端口白名单">insert into serviceporttable values（7，2407，'104协议'）</SQL>

<SQL desc="添加端口白名单">insert into serviceporttable values（8，2408，'104协议'）</SQL>

<SQL desc="添加端口白名单">insert into serviceporttable values（9，2409，'104协议'）</SQL>

<SQL desc="添加端口白名单">insert into serviceporttable values（10，2410，'104协议'）</SQL>

<SQL desc="添加端口白名单">insert into serviceporttable values（11，2411，'104协议'）</SQL>

<SQL desc="添加端口白名单">insert into serviceporttable values（12，2412，'104协议'）</SQL>

<SQL desc="添加端口白名单">insert into serviceporttable values（13，2413，'104协议'）</SQL>

<SQL desc="添加端口白名单">insert into serviceporttable values（14，2414，'104协议'）</SQL>

<SQL desc="添加端口白名单">insert into serviceporttable values（15，2415，'104协议'）</SQL>

＜SQL desc＝"添加端口白名单"＞insert into serviceporttable values（16，2416，'104协议'）＜/SQL＞

＜SQL desc＝"添加端口白名单"＞insert into serviceporttable values（17，2417，'104协议'）＜/SQL＞

＜SQL desc＝"添加端口白名单"＞insert into serviceporttable values（18，2418，'104协议'）＜/SQL＞

＜SQL desc＝"添加端口白名单"＞insert into serviceporttable values（19，2419，'104协议'）＜/SQL＞

＜SQL desc＝"添加端口白名单"＞insert into serviceporttable values（20，3000，'告警直传'）＜/SQL＞

＜SQL desc＝"添加端口白名单"＞insert into serviceporttable values（21，3001，'远程浏览'）＜/SQL＞

＜SQL desc＝"添加端口白名单"＞insert into serviceporttable values（22，8299，'同步协议'）＜/SQL＞

＜SQL desc＝"添加端口白名单"＞insert into serviceporttable values（23，8190，'消息访问'）＜/SQL＞

＜SQL desc＝"添加端口白名单"＞insert into serviceporttable values（24，8398，'文件传输'）＜/SQL＞

＜SQL desc＝"添加端口白名单"＞insert into serviceporttable values（25，8198，'IP查询服务端'）＜/SQL＞

＜SQL desc＝"添加端口白名单"＞insert into serviceporttable values（26，8199，'IP查询客户端'）＜/SQL＞

＜SQL desc＝"添加端口白名单"＞insert into serviceporttable values（27，8800，'安全监视'）＜/SQL＞

2）bin/res/module0 文件，添加两行。

| sermotr | 1 | 215 | 215 | 内网安全监视服务 |
| connmod | 60 | 1 | 60 | 内网通信模块 |

3）添加 bin/res/sermotr_fun.xml 文件。

sermotr_fun.xml　　　　　2017/5/5 16:05　　　XML 文档　　　　2 KB

（3）安全事件采集范围说明。

1）Debian4 不支持规范中以下事件：① 本机登录失败；② 操作回显；③ 无线网卡插入/拔出，可能报出普通 USB 插入，一般可由安全监测装置判断及产生该信号；④ 并口占用及释放；⑤ 用户权限变更，系统禁止更改用户权限，故无此信号。

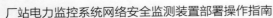

2）Debian5 不支持规范中以下事件：① 操作回显，开放操作回显功能，易影响网关机性能；② 无线网卡插入/拔出，可能报出普通 USB 插入，一般可由安全监测装置判断及产生该信号；③ 并口占用及释放，网关机无并口；④ 用户权限变更，禁止更改用户权限，故无此信号。

（4）环境变量。环境变量已由脚本自动添加，若检查有问题，请先反馈再手动修改。

1）Debian4.0 系统。

操作命令获取：

export PROMPT_COMMAND='{ date "+%Y−%m−%d%H：%M：%S `who am i` `pwd` `history 1 | { read x cmd；echo−e "\n""$cmd"；}`"；}＞/usrdsk/CSU8000/log/command.log'

```
export QT_PLUGIN_PATH=$QTDIR/plugins
export QT_QWS_FONTDIR=$QTDIR/lib/fonts
export QWS_DISPLAY="LinuxFB:/dev/fb0"
```

```
export PROMPT_COMMAND='{ date "+%Y-%m-%d %H:%M:%S `pwd` `history 1 | { read x cmd; echo -e "\n""$x""\n""$cmd"; }`"; } > /usrdsk/CSU8000/log/command.log'
who am i > /usrdsk/CSU8000/log/user.log
/usr/bin/script -q -f -a /usrdsk/CSU8000/log/commandreplay.log
TechYauld:/etc#
TechYauld:/etc#
```

2）Debian5.0 操作系统。

a. 操作命令获取。

export PROMPT_COMMAND='{ date "+%Y−%m−%d%H：%M：%S `pwd` `history 1 | { read x cmd；echo−e "\n""$cmd"；}`"；}＞/usrdsk/CSU8000/log/command.log'

```
export QT_PLUGIN_PATH=$QTDIR/plugins
export QT_QWS_FONTDIR=$QTDIR/lib/fonts
export QWS_DISPLAY="LinuxFB:/dev/fb0"
```

```
export PROMPT_COMMAND='{ date "+%Y-%m-%d %H:%M:%S `pwd` `history 1 | { read x cmd; echo -e "\n""$x""\n""$cmd"; }`"; } > /usrdsk/CSU8000/log/command.log'
who am i > /usrdsk/CSU8000/log/user.log
/usr/bin/script -q -f -a /usrdsk/CSU8000/log/commandreplay.log
TechYauld:/etc#
TechYauld:/etc#
```

b. 用户名称获取。

who am i＞/usrdsk/CSU8000/log/user.log

c. 操作回显。

/usr/bin/script−q−f−a/usrdsk/CSU8000/log/commandreplay.log

11.2.2.5　Windows 操作系统

（1）许继自有 AGENT 暂不支持 Windows 系统部署，需集成单位采用通过中国电科院测试的网络安全监测软件或向许继厂家提出支持需求由厂家进行开发部署。

（2）进行部署时可由集成单位或许继厂家根据部署说明进行部署配置。

11.2.3 网络设备支持情况

网络设备支持情况见表 11.2−3。

表 **11.2−3**   网 络 设 备 支 持 情 况

交换机型号	固件版本	软件版本	SNMP 协议支持情况	备 注
ZYJ−500	Ver A.01	UNP1.3.69_ZYJ_140917146	不支持	
ZYJ−800	Ver 3.11	F1008.P05	V2c/V3/支持	需进行软件升级

11.2.4 网络设备接入具体操作方法

11.2.4.1 版本说明

硬件匹配性见表 11.2−4。

表 **11.2−4**   硬 件 匹 配 性

硬件版本	版本兼容性	配置
V3.0	兼容	无影响
V3.1	兼容	无影响
V4.0	兼容	无影响

软件版本升级对照表见表 11.2−5。

表 **11.2−5**   软件版本升级对照表

已有软件版本	目的软件版本	版本兼容性	配 置
V1.1.9		兼容	无影响
V4.0.2	V4.0.6	兼容	无影响
V4.0.3		兼容	无影响
已有软件版本	目的软件版本	版本兼容性	配 置
F1007		兼容	无影响
F1006		兼容	无影响
F1005		兼容	无影响
R1005.p01		兼容	无影响
R1004	F1008.P05	兼容	无影响
T0005		兼容	无影响
R1003		兼容	无影响
R1002		兼容	无影响

续表

已有软件版本	目的软件版本	版本兼容性	配　置
T0001	F1008.P05	兼容	无影响
1.5.47		兼容	无影响
1.5.46		兼容	无影响
1.5.43		兼容	无影响
1.5.44		兼容	无影响
1.5.43		兼容	无影响
1.5.42		兼容	无影响

11.2.4.2　升级准备

升级所需工具包括 FTP 升级辅助软件、ZYJ-800 型号交换机、笔记本电脑、网线。升级连接示意图如图 11.2-27 所示。

图 11.2-27　设备升级示意图

按照图 11.2-27 利用 PC 连接交换机，PC 的 IP 地址设置为 192.168.0.100。需要与交换机的 IP 地址属于同一网段。

利用笔记本电脑 Ping 交换机的 IP 地址，确保能够 Ping 通。

打开 FTP 软件 wftp32，设置 FTP 软件路径。具体操作如下：

（1）打开 wftp32，界面如图 11.2-28 所示。

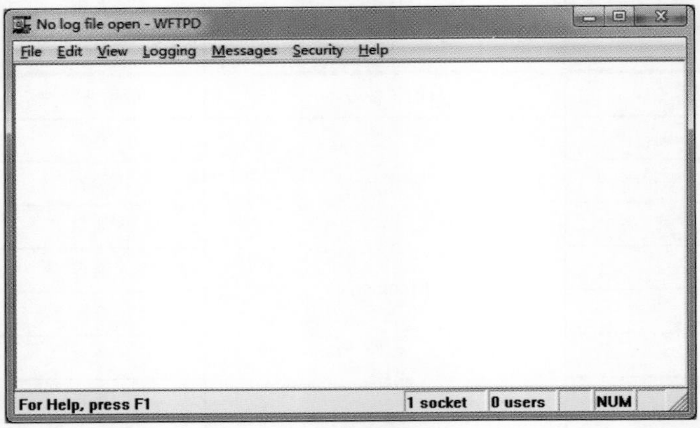

图 11.2-28　wftp32 打开界面

（2）选择菜单栏"Security"的"User/Rights Security Dialog"选项，如图 11.2-29 所示。

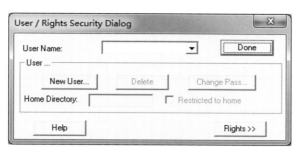

图 11.2-29　"User/Rights Security Dialog"界面

（3）如果有以前配置好的用户，则可以直接从"User Name"的下拉框中进行选择（如名为 update 的用户），如图 11.2-30 所示。

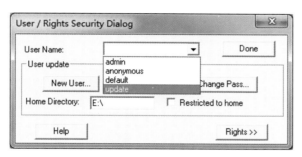

图 11.2-30　"User Name"的下拉框界面

（4）将要传输文件所在的路径粘贴到"Home Directory"对应的输入框内（如 E：\），点击"Done"按钮即可。如果没有配置好的用户，可以点击"New User"按钮，新建一个用户。如图 11.2-31 所示。

（5）输入用户名（如 123），点击"OK"，出现界面如图 11.2-32 所示。

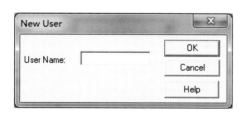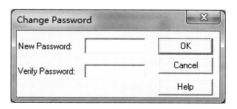

图 11.2-31　新建用户界面　　　　　　图 11.2-32　设置密码界面

输入密码 123（两次输入要一致），点击"OK"；可见"User Name"的下拉框中出现了刚刚创建的用户 abc。

（6）将要传输文件所在的路径粘贴到"Home Directory"对应的输入框内，点击"Done"按钮即可。

（7）通过上述的配置，FTP 软件设置成功。

打开 IE 浏览器，输入交换机的 IP 地址，输入交换机用户名和密码（初始用户名：admin；密码：123）登录交换机，如图 11.2-33 所示。

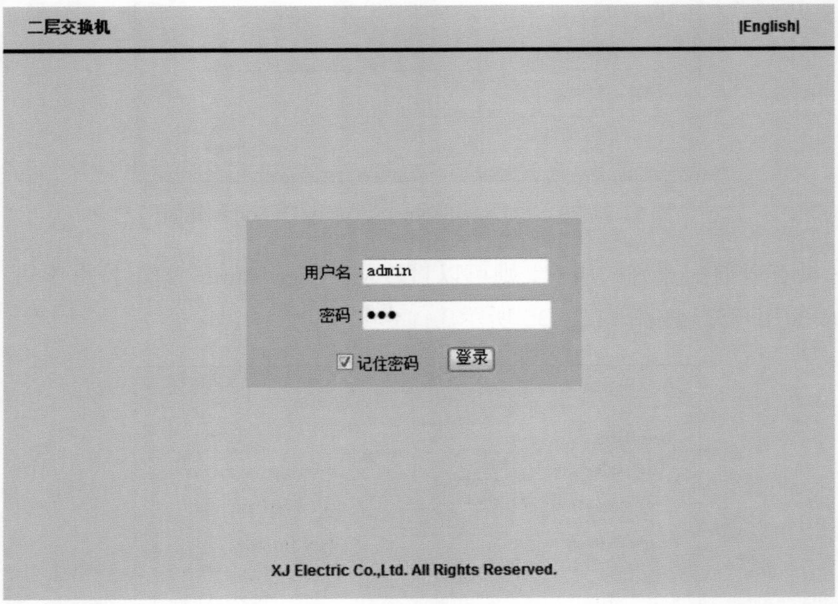

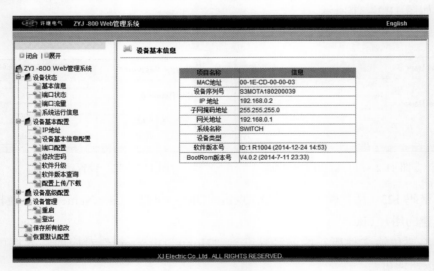

图 11.2-33　登录交换机界面

登录交换机后，点击设备状态下的基本信息显示，核对交换机的软件版本。确定交换机软件版本为兼容版本其中之一。如图 11.2-34 所示，软件版本显示为 R1004。只有确定版本在以上兼容版本之一才可进行下一步的升级步骤。

图 11.2-34　设备基本信息界面

打开 CMD 界面，在界面内输入"telnet 192.168.0.2"（交换机的 IP 地址，192.168.0.2 为默认 IP 地址），通过 Telnet 方式登录交换机，Password 无，直接回车登录交换机，如图 11.2−35 所示。

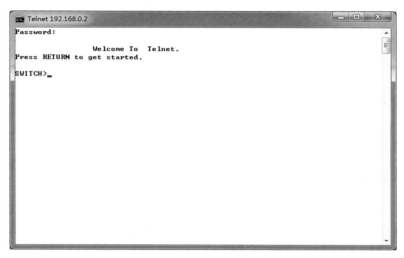

图 11.2−35　交换机登录后的界面

　　交换机的升级主要包括两个部分，首先需要对交换机 Bootrom 进行升级，然后再进行交换机的升级，而且交换机具有两路软件，需要分别进行升级。

11.2.4.3　交换机软件升级

1. bootrom 升级

　　输入 enable，回车，然后输入"update bootrom BTM−V4.0.6.bin 192.168.0.100 123 123"，每个参数含义见图 11.2−36 左侧图中注释。待 bootrom 升级完成后，显示如图 11.2−36 右侧图所示。

图 11.2−36　bootrom 升级界面

bootrom 升级完成后，断电重启交换机。待交换机启动之后，重新利用 IE 浏览器登录交换机，通过设备的基本信息查看 bootrom 是否升级成功，升级成功为 V4.0.6，如图 11.2−37 所示。

图 11.2−37　bootrom 升级成功界面

2. 软件升级

（1）bootrom 升级完成后，重新登录交换机，输入"update 1 F1008.P05.bin 192.168.0.100 123 123"后按回车，交换机进入升级过程，交换机第 1 路软件完成后，出现如图 11.2−38 所示界面。

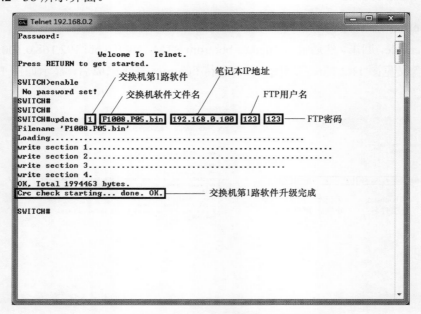

图 11.2−38　交换机第 1 路软件完成升级界面图

（2）同理，把"1"改成"2"，对交换机的第2路软件进行升级，如图11.2-39所示。

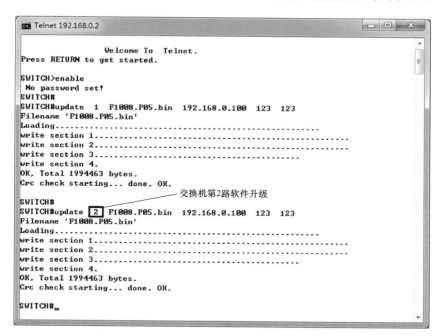

图11.2-39   交换机第2路软件完成升级界面图

（3）第2路软件升级完成后，把交换机进行断电重启，待设备启动后，再次通过IE浏览器登录交换机，通过交换机"设备基本配置的软件版本查询"，确定两路软件是否升级成功，升级成功后软件版本显示"F1008.P05"，如图11.2-40所示。

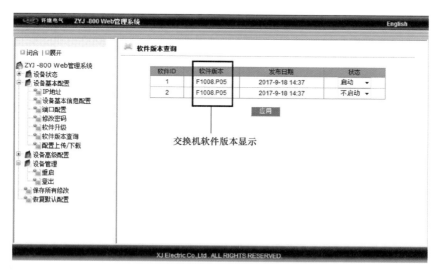

图11.2-40   软件版本查询界面

11.2.4.4 升级注意事项及风险

（1）升级前需要确定交换机的原软件版本为上述兼容版本之一。

（2）交换机升级的顺序应该为 bootrom 升级、软件 App 升级依次进行。

（3）交换机的软件 App 为双路软件，两路均需要分别进行升级。

（4）需要对软件版本进行查看，确定升级到最终版本 F1008.P05。

（5）升级过程中严禁设备断电，否则会直接导致设备升级失败，交换机无法启动。

（6）升级过程中严禁把 bootrom 和软件 App 搞混，一旦搞混，设备将会出现升级失败甚至交换机无法启动。

11.2.5 常见问题及解决办法

（1）上送安全管理平台的信息解析出现乱码。

首先查看安全监测装置收到和上送的信息解析是否正确，判断问题是由网络安全监测装置导致还是被监测装置导致，然后通过网络安全监测装置抓取网络报文，分析报文内容格式是否符合规范。

（2）在运站个别旧设备不具备安全监测接入能力。

进行换代升级，采购具有相同功能且具备安全接入能力的设备进行替代。不具备安全接入能力又无法替换的设备只能暂缓接入，另行设计部署接入方案。

（3）个别被监测装置通信时断时通。

首先分别检查被监测装置和网络安全监测装置的 IP、端口等参数配置是否正确，然后检查站内物理通信网络是否正常，是否存在 A/B 网串联。网络安全监测装置一般为单网运行，确认是否存在 IP 冲突，确认同一台被监测装置上 AGENT 服务只启动一个。

（4）网络安全管理平台收到异常事件信息问题。

确定是否有真实事件产生，确认接入设备参数配置是否正确。

（5）Windows XP 系统安装科东 AGENT 后服务无法启动。

首先确认是否安装了 VC 运行库 VC2010SP1，然后检查 c:/windows/system32/conf 目录下的证书文件 license.txt。如果缺少证书文件、证书文件错误或证书失效时，主机监测软件将无法启动。

（6）非法外联事件误报。

检查 IEC 61850 的 SCD 模型与数据库是否一致，不一致时可能会导致非法外联事件误报，如某些变电站 SCD 模型中有保护设备 IED，但网关机却未导入数据库。手动将 SCD 模型中 IP 地址添加至白名单表即可。

（7）AGENT 不能正常启动。

检查启动程序的用户是否具备权限，通常 Root 用户是启动程序的最佳用户。

（8）非法外联白名单不生效。

检查配置的非法外联白名单、非法端口等参数格式是否正确，不正确的格式会导致配置不生效。

（9）服务代理功能异常。

检查网络安全监测装置和被监测装置时钟时间是否一致，当二者时间差大于 30s 时，会导致服务代理功能时间戳验证失败。

（10）事件不上送调度主站。

网络安全监测装置收到被监测设备的事件信息，但不上送调度主站，由集成单位检查接入被监测设备资产的配置信息是否正确。

（11）上送安全管理平台的事件级别或类型不正确。

确认网络安全监测装置中被监测设备资产的事件级别、类型等信息是否正确，如果配置正确，则抓取二者之间的网络报文进行报文分析，确认被监测设备是否发送正确。

（12）监控系统重启而网络安全监测程序未启动。

监控系统设置网络安全监测程序自启动进程，使网络安全监测程序每到整分钟时自动启动，具体方法参照程序包配置说明。

（13）监控系统网络安全监测程序自动启动后监测装置 IP 地址会丢失或需要注册。

升级网络安全监测程序，使用 20180819 版本新程序可解决此问题。

（14）网络安全监测装置与监控连接频繁离线。

一台网络安全监测装置同时接入双网会导致与监控连接频繁离线，改为接入单网可解决此问题。

（15）网络安全监测装置能收到监控信息但报设备离线。

白名单设置一般是将与监控同一网段的 IP 地址全部添加进去，但要将网络安全监测装置的 IP 地址去掉可解决此问题。

（16）部署网络安全监测程序后个别监控系统会有卡顿现象。

清空历史库所占用的磁盘空间。进入"/usr/local/mysql/var/ics8000"，具体步骤如下：#cd/usr/local/mysql/var/ics8000；#ls，可以看到一些文件，这里存放的就是所有的历史文件，通过命令删除#rm*。为避免磁盘写满的情况，应修改历史库更改存储时间间隔。查看/ics8000/ini/hdbtrans.ini 文件，修改 hisstorage＝1，为 0 是为一直存，不删除。

11.3　长园深瑞继保自动化有限公司（长园深瑞）

11.3.1　主机设备 AGENT 支持情况

主机类 AGENT 支持情况见表 11.3－1。

表 11.3−1   主机类 AGENT 支持情况

主机类型	操作系统	操作系统版本号	位数	各厂商 AGENT 支持情况
监控主机/操作员站/数据服务器/综合应用服务器	Windows	Windows XP	32 位	长园深瑞（适配）
				适配：无
				支持：北京科东、南瑞信通、东方电子、东方京海
				兼容：无
		Windows 7	32 位	长园深瑞（适配）
				适配：无
				支持：无
				兼容：南瑞信通
			64 位	长园深瑞（适配）
				适配：无
				支持：北京科东、南瑞信通、东方电子、东方京海
				兼容：无
	Redhat	Redhat 5.9	64 位	长园深瑞（适配）
				支持：东方京海
				兼容：北京科东、南瑞信通、南瑞继保
		Redhat 6.5	64 位	长园深瑞（适配）
				支持：南瑞继保、东方电子、东方京海、积成电子
				兼容：北京科东、南瑞信通、珠海鸿瑞
	CentOS	CentOS 7.3	64 位	长园深瑞（适配）
				支持：无
				兼容：北京科东
	Solaris	Solaris_10u10	64 位	长园深瑞（无）
				支持：北京四方
				兼容：无
		Solaris 10u11.2	64 位	长园深瑞（无）
				支持：南瑞信通
				兼容：无

装置类（如数据网关机）AGENT 支持情况见表 11.3−2。

表 11.3－2　　　　　　　　　　　　装置类 AGENT 支持情况

装置型号	软件版本	中国电科院测试情况	备　注
PRS－7910G	Debian 5	已通过	
PRS－7911G	Debian 5	已通过	
PRS－7910G	Debian 8	已通过	
PRS－7911G	Debian 8	已通过	
PRS－7910	VxWorks	未通过	2018 年 9 月底已完成开发，还未参加电科院测试
PRS－791A	VxWorks	未通过	2018 年 9 月底已完成开发，还未参加电科院测试
PRS－791D	VxWorks	未通过	2018 年 9 月底已完成开发，还未参加电科院测试
ISA－301D	VxWorks	未通过	2018 年 9 月底已完成开发，还未参加电科院测试
ISA－301C	VxWorks	未通过	装置硬件限制，无法支持监测信息上送
ISA－301B	无	未通过	装置硬件限制，无法支持监测信息上送
ISA－301A	无	未通过	装置硬件限制，无法支持监测信息上送

11.3.2　主机设备接入具体操作方法

11.3.2.1　相关文件说明

将安装包（如 PRS－7933－C.tar.gz）解压到系统任意目录（如/home，直接右键单击，"提取到此处"即可）后，得到如表 11.3－3 所示的文件。

表 11.3－3　　　　　　　　安装包解压到系统任意目录后的文件

文件（安装包内路径）	部署后路径及文件名	说　明
install.sh	无	安装脚本
uninstall.sh	/usr/local/prs7000security－mon/uninstall.sh	卸载脚本
bin 目录	无	AGENT 所有依赖库及可执行程序的路径
cfg 目录	无	AGENT 所有相关参数配置文件的路径

11.3.2.2　安装部署说明

以下命令部分的<空格>均表示键盘的空格键，<tab>表示键盘的 TAB 键。

监测软件的部署需要在 Root 用户下进行安装。若后台系统为非 Root 用户，则用 Root 用户安装之后需要将安装后的目录，即/usr/local/目录下的 prs7000security_mon 目录的权限改为 777，即打开终端，执行命令：

chmod＜空格＞－R＜空格＞777＜空格＞/usr/local/prs7000security_mon　（将

prs7000security_mon 的目录权限改为 777）

1. 安装 Nmap

将 nmap−7.4−1.x86_64.rpm 拷贝到系统的/opt 目录下，然后在该目录下点击鼠标右键，选择"在终端中打开"；在打开的终端中输入命令：

rpm＜空格＞−ivh＜空格＞nmap−7.40−1.x86_64.rpm

按图 11.3−1 和图 11.3−2 所示步骤进行。

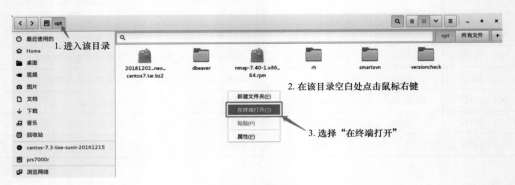

图 11.3−1　打开终端

```
                        root@prs7000a:/opt          -  □  ×
文件(F)  编辑(E)  查看(V)  搜索(S)  终端(T)  帮助(H)
[ root@prs7000a opt]# rpm -ivh --nodeps nmap-7.40-1.x86_64.rpm
准备中...                       ############################## [100%]
正在升级/安装...
  1:nmap-2:7.40-1               ############################## [100%]
[ root@prs7000a opt]#
```

图 11.3−2　安装 Nmap

安装之后，在终端中执行命令：

nmap＜空格＞−v

如果终端输出如图所示信息则说明安装成功，如图 11.3−3 所示。

```
                        root@prs7000a:/opt          -  □  ×
文件(F)  编辑(E)  查看(V)  搜索(S)  终端(T)  帮助(H)
[ root@prs7000a opt]# nmap -v

Starting Nmap 7.40 ( https://nmap.org ) at 2019-05-27 16:16 CST
Read data files from: /usr/bin/../share/nmap
WARNING: No targets were specified, so 0 hosts scanned.
Nmap done: 0 IP addresses (0 hosts up) scanned in 0.05 seconds
           Raw packets sent: 0 (0B) | Rcvd: 0 (0B)
[ root@prs7000a opt]#
```

图 11.3−3　验证 Nmap

2. 安装 AGENT

将安装包（PRS－7933－C.tar.gz）拷贝至系统主文件中的任意目录（如/home/）并解压，得到安装目录（如 PRS－7933－C）打开终端，切换至安装目录，依次执行以下命令：

cd＜空格＞/home/PRS－7933－C（进入解压得到的目录/home/PRS－7933－C）

./install.sh（执行安装脚本，如图 11.3－4 所示）

图 11.3－4　安装 AGENT

安装脚本在执行完安装部署后，会询问是否要重启，输入"y"并回车即会自动重启；输入"n"并回车则退出，但重启后安全监视才会生效。因此建议输入"n"，进行了相关配置之后再重启。

3. 卸载

如果需要卸载 AGENT，则只需要运行或双击运行安装包内的 uninstall.sh 脚本，或者双击安装路径/usr/local/prs7000security_mon/uninstall.sh 脚本，即可完成卸载。如图 11.3－5 所示。

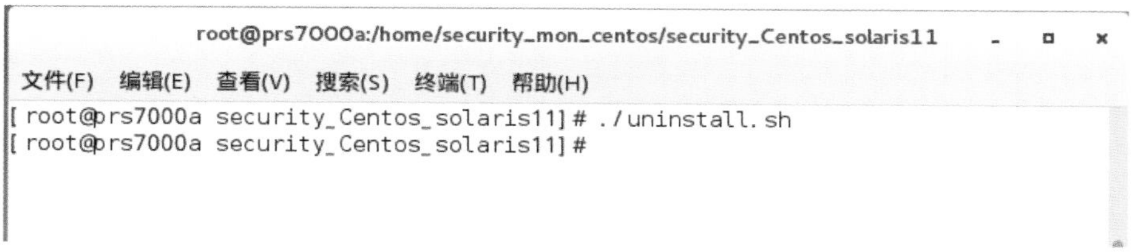

图 11.3－5　卸载 AGENT

11.3.2.3　配置

打开配置工具即可配置监测事件投退、监测装置 IP 地址、IP 白名单、端口白名单、非法端口检测周期、存在光驱设备检测周期等信息。配置工具路径为/usr/local/prs7000 security_mon/security_momCfgTool，双击 security_momCfgTool 运行该配置工具。首次运行需要对软件进行注册，在打开配置工具时，首先弹出"激活软件"对话框，需要发送机器码进行注册；请将机器码复制到文本文件中，并以厂站名称命名发回公司进行注册。如图 11.3－6 所示。

图 11.3-6　激活软件

1. 登录配置工具

完成软件的注册后，打开配置工具前需要进行用户名和密码的验证，用户名为
cygsunri，密码为 0755isa。如图 11.3-7 所示。

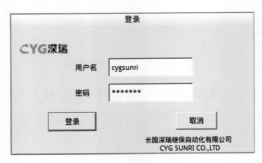

图 11.3-7　登录认证

2. 打开默认配置

在打开的配置工具界面上点击左上角的"文件"菜单，点击"打开"按钮，并选择
/usr/local/prs7000security_mon 目录。加载默认配置如图 11.3-8 所示。

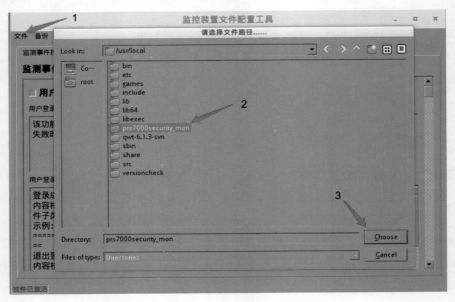

图 11.3-8　加载默认配置

加载默认配置文件时，可能提示如图 11.3-9 所示的失败信息，点击 "OK" 即可。

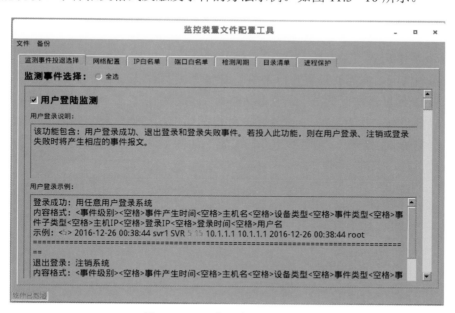

图 11.3-9 加载默认配置

3．监测事件投退配置

在监测事件投退选择页面中，默认选择全部投入所有监测事件；可根据实际需要，勾选需要监听的事件，或者点击 "全选" 按钮即可选择监测所有事件。每个事件都有相应的功能说明、事件报文格式及触发事件的方法示例。如图 11.3-10 所示。

图 11.3-10 监测事件投退配置

4．网络配置

网络配置的功能包括：

（1）是否为双网。可根据现场实际情况进行配置。若现场为双网结构，则双网旁边的下拉框必须选择为 "是"。

（2）通信端口默认为 8800。

（3）监测装置 IP，即网络安全监测装置的 IP 地址。为报文上送的目的 IP，根据现场实际情况进行配置。若现场为双网结构，则将此处的 IPA 设置成监测装置的 A 网 IP，将 IPB 设置成监测装置的 B 网 IP；若为单网结构，则只需配置 IPA，IPB 采用默认值即可。

（4）本机 IP，即运行网络安全监测软件所在主机的 IP 地址。此处可以不用设置，默认为 127.0.0.1。

（5）若现场存在多台网络安全监测装置，可在该页面的空白处点击鼠标右键，选择"新增监测装置"。

网络配置界面如图 11.3－11 所示。

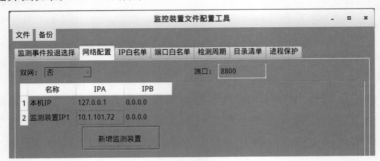

图 11.3－11　网络配置

5. IP 白名单配置

根据实际情况，将需要设置为白名单的 IP 地址添加进来，必须至少将监测装置的 IP 地址及本机 IP 地址添加到此处。若现场为监控后台系统，点击"导入"按钮，即可一键导入监控后台所有二次设备的 IP 地址，此外，需要手动添加监测装置的 IP 及 127.0.0.1。若为其他厂家的监控后台，需要手动进行配置。如图 11.3－12 所示。

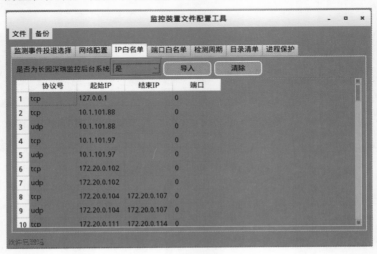

图 11.3－12　网络连接白名单

若需要删除 IP 地址，则将鼠标移至要删除的 IP 地址所在行，单击鼠标右键，在弹出的菜单中选择"删除 IP"。如图 11.3 - 13 所示。

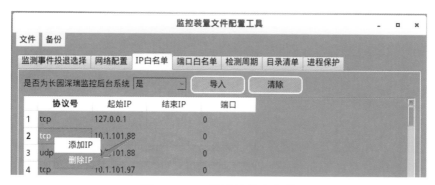

图 11.3 - 13　网络连接白名单

6. 端口号白名单配置

在端口白名单配置页面，点击"导入"按钮即可将系统开放的服务的端口号导入。如图 11.3 - 14 所示。

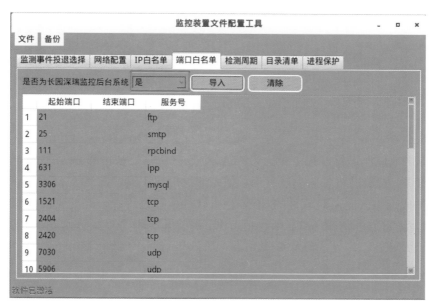

图 11.3 - 14　端口白名单

7. 检测周期配置

检测周期配置包括非法端口检测周期和光驱检测周期，单位为 s，如图 11.3 - 15 所示。网络安全规范要求非法端口检测周期为 5min，即 300s。数值有效范围为 2s～24h，即 2～86 400s，配置若不在此范围，则采用默认值 300s；光驱检测周期为 1h。

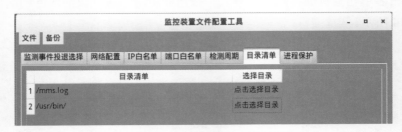

图 11.3－15　检测周期

8. 目录清单

根据实际情况，将需要检测的关键目录或者文件添加到此处。在界面中点击鼠标右键，在弹出的菜单中选择添加目录，在新增的行中，点击"点击选择目录"，将要监听的文件或者目录添加到此处。若要删除监听的文件或目录，则将鼠标移至要删除的文件或目录所在行，单击鼠标右键，在弹出的菜单中选择"删除目录"即可。如图 11.3－16 所示。

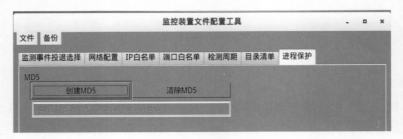

图 11.3－16　关键文件/目录清单

9. 进程保护

为了防止软件在运行过程中被人为修改，导致软件功能被修改。采用比较软件的 MD5 值的方法实现。安装网络安监测软件后，须先通过配置工具，在"厂家配置"中点击"创建 MD5"生成网络安全监测软件的 MD5 值；软件运行过程中，若发现软件本身 MD5 值与安装时生成的 MD5 值不一样，则自动退出；每次升级程序时都必须重新生成 MD5 值。如图 11.3－17 所示。

图 11.3－17　进程保护

10. 导入签名证书

若现场调试过程中，网络安全监测装置提示验签失败。可咨询网络安全监测装置是否导入了调度的签名证书。若网络安全装置导入调度的签名证书，则跟网络安全监测装置调试人员取到网络安全监测装置到被监测对象侧的签名证书，将签名证书拷贝至 /usr/local/prs7000security_mon 目录下并重命名为 cyg_agent.cer，完成之后重启 prs7000audit 进程。

11. 是否验签

若现场调试过程中，网络安全管理平台在下发设置命令后，网络安全监测装置显示验签失败，则可导入签名证书。若导入签名证书，并重启 prs7000audit 进程后，网络安全监测装置依旧显示验签失败，则可通过配置工具，将验签功能关闭。默认为开启状态。如图 11.3-18 所示。

图 11.3-18　是否验签

12. 是否比较时间戳

调试过程中，如果网络安全监测装置与网络安全监测软件的对时不匹配，可选择关闭时间戳比较。在配置工具中，勾选"是否比较时间戳"表示需要进行时间戳比较，否则不需要进行时间戳比较。如图 11.3-19 所示。

图 11.3-19　是否比较时间戳

13. 保存配置

完成所有配置后，点击左上角"文件"，选择"保存"，即可保存配置参数。如图 11.3-20
所示。

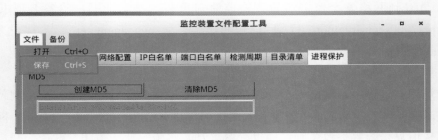

图 11.3-20　保存配置

14. 配置生效

修改配置参数之后，须重启 prs7000audit 才能使配置生效。有以下两种方法：

（1）重启操作系统，安全监视软件将随系统启动。

（2）手动杀死 prs7000audit 进程，稍等片刻，系统审计分发守护程序会将其重新启
动。方法如下：

执行命令：ps＜空格＞ef|grep＜空格＞prs7000audit

查看终端输出的 prs7000audit 的进程号是多少，如图 11.3-21 所示。

图 11.3-21　查看进程号

杀死 prs7000audit 进程，稍等片刻后，该进程将自动由守护进程带起。重启之后，
prs7000audit 将会加载最新的配置，此前在配置工具进行的配置参数将生效。如图 11.3-22
所示。

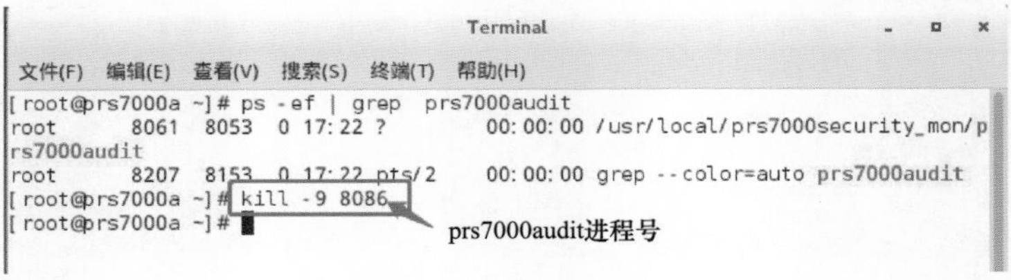

图 11.3-22　杀死进程

杀死进程之后，prs7000audit 进程将由守护进程自动带起，可以通过执行命令：

ps＜空格＞-ef|grep＜空格＞prs7000audit

查看进程是否已经起来，重新起来之后进程号将会发生改变，如图 11.3－23 所示。

图 11.3－23 验证进程重启

11.3.3 网络设备支持情况

网络设备支持情况见表 11.3－4。

表 11.3－4 网 络 设 备 支 持 情 况

交换机型号	固件版本	软件版本	SNMP 协议支持情况	备 注
PRS－7961B		V2.11	V2c/V3/支持	

11.3.4 网络设备接入具体操作方法

11.3.4.1 升级前准备工作

（1）查看交换机上的小型号膜及质量跟踪单，确定交换机的型号硬件版本信息。

（2）登录 WEB 界面，用户系统管理→系统信息，查看硬件版本和软件版本。

（3）查看原交换机的配置信息，并记录保存。

（4）升级完成后，要手动恢复交换机配置。

11.3.4.2 升级过程

1. 配置串口

设置串口的波特率为 115 200，数据位为 8；奇偶校验为无；停止位为 1；数据流控制为无。如图 11.3－24 所示。

图 11.3 – 24　配置串口

2. 搭建 TFTP 环境

打开该工具，并将当前目录设置成软件镜像所在的目录，假如软件镜像文件存放在 F：\project\交换机\镜像文件，则设置如图 11.3 – 25 所示。

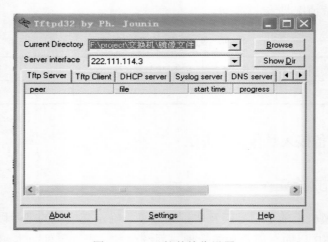

图 11.3 – 25　软件镜像设置

设置服务器段地址，即与交换机相连接的电脑的网卡地址，可从 [网上邻居] [查看网络连接] [本地连接] [属性]，再双击 [Internet 协议（TCP/IP）]，修改 IP 地址为 222.111.114.3。笔记本的 IP 一定要设置成 222.111.114.3。

3. 升级操作

打开交换机电源，在串口出现打印后迅速单击任意电脑键盘（在交换机开机后仅仅会等待 1s 检测是否有按键输入，如果有就进入命令行，否则就进入系统），如图 11.3 – 26 所示。

```
In:     serial
Out:    serial
Err:    serial
Net:    FCC1 ETHERNET
Hit any key to stop autoboot: 0
Please enter the password:
```

图 11.3-26 升级操作界面

此时输入密码 sr201301，则进入命令行，命令行下会有字符 "=〉"提示。在命令行下输入 upgrade 命令进行升级。如图 11.3-27 所示。

```
Please enter the password:
*********=>
=> upgrade
prepare upgrade image now...
Loading File  upgrade.img at address: 0x400000 now ...
====> enter netloop
 Using FCC1 ETHERNET device
TFTP from server 222.111.114.3; our IP address is 222.111.114.5
Filename 'upgrade.img'.
Load address: 0x400000
Loading: #################################################################
         #################################################################
         #################################################################
         #################################################################
         #################################################################
         #################################################################
         ###############
done
Bytes transferred = 7864320 (780000 hex)
Loading File  appfs.img at address: 0xb80000 now ...
====> enter netloop
 Using FCC1 ETHERNET device
TFTP from server 222.111.114.3; our IP address is 222.111.114.5
Filename 'appfs.img'.
Load address: 0xb80000
Loading: #################################################################
         #################################################################
         #################################################################
         #################################################################
         #################################################################
         #################################################################
         ###############################
done
Bytes transferred = 8388608 (800000 hex)
fetch done !
burning flash now, please do not turn off power !!!
.................................................................
writing ...
```

图 11.3-27 升级程序界面

在出现"upgrade software image successful，please reboot the system！"提示时表示升级成功，此时才能断电重启。

11.3.4.3 升级后恢复、验证测试工作

1. 修改 IP 地址

升级后的交换机程序支持带内管理，有 2 个 IP 地址，因此在修改 IP 地址时只需修改带内网口的 IP 地址（根据内网安全监测装置的厂家分配而设置），MGMT 管理网口的 IP 地址（222.111.114.60）可不修改，便于调试，如图 11.3-28 所示。

修改后，断电重启生效。

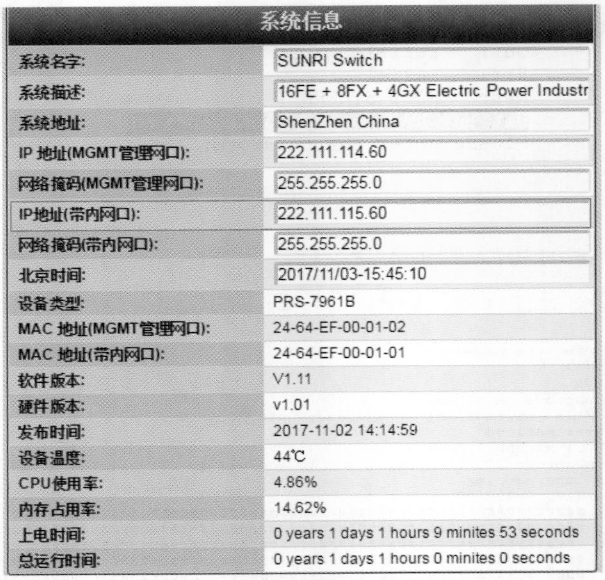

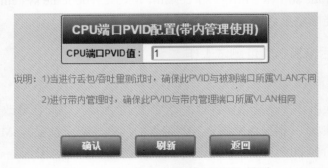

系统信息
系统名字:
SUNRI Switch
系统描述:
16FE + 8FX + 4GX Electric Power Industr
系统地址:
ShenZhen China
IP 地址(MGMT管理网口):
222.111.114.60
网络掩码(MGMT管理网口):
255.255.255.0
IP地址(带内网口):
222.111.115.60
网络掩码(带内网口):
255.255.255.0
北京时间:
2017/11/03-15:45:10
设备类型:
PRS-7961B
MAC 地址(MGMT管理网口):
24-64-EF-00-01-02
MAC 地址(带内网口):
24-64-EF-00-01-01
软件版本:
V1.11
硬件版本:
v1.01
发布时间:
2017-11-02 14:14:59
设备温度:
44℃
CPU使用率:
4.86%
内存占用率:
14.62%
上电时间:
0 years 1 days 1 hours 9 minites 53 seconds
总运行时间:
0 years 1 days 1 hours 0 minites 0 seconds

图 11.3－28　修改 IP 地址界面

2. 修改 MAC 地址

交换机在烧录完后的 MAC 地址都是一样的，所以每台交换机在出厂时必须都修改为不一样的 MAC 地址，修改的交换机的 MAC 地址的必须为 24－64－EF－××－××－××。具体的 MAC 地址看交换机上盖板的质量跟踪单，上面的 MAC 地址是每台交换机的出厂分配 MAC。即前三项值固定为 24－64－EF，后三项按照出货记录每台分配一个唯一的 MAC 地址。

3. 修改 CPU 端口 PVID

由于站控层交换机与内网安全监测装置通过带内网口连接，需修改 CPU 端口的 PVID 改为与带内管理端口所属 VLAN 相同（站控层交换机一般不划分 VLAN，因此 CPU 端口的 PVID 改为 1 即可）。如图 11.3－29 所示。

CPU 端口 PVID 配置的路径：端口配置管理为 CPU 端口 PVID 配置。

CPU端口PVID配置(带内管理使用)
CPU端口PVID值：
1
说明：1)当进行丢包/吞吐量测试时，确保此PVID与被测端口所属VLAN不同
2)进行带内管理时，确保此PVID与带内管理端口所属VLAN相同
确认
刷新
返回

图 11.3－29　修改 CPU 端口 PVID 界面

4. 恢复交换机配置信息

根据记录的原交换机的配置信息，升级完成后，要手动恢复交换机配置。

11.3.4.4　交换机 SNMP 参数界面

1. 使能 SNMP 功能（见图 11.3－30）

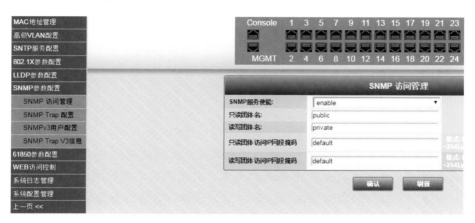

图 11.3－30　使能 SNMP 功能

2. SNMP Trap 配置（见图 11.3－31）

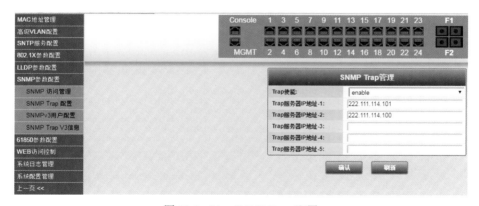

图 11.3－31　SNMP Trap 配置

此页面为 Trap 使能和配置 SNMP V2 Trap 地址。

3. 添加 SNMP V3 用户及 SNMP V3Trap 地址（见图 11.3－32）

认证协议：有 MD5 或 SHA 可选，密码至少 8 位。

加密类型：有 DES 或 AES 可选，密码至少 8 位。

SNMP V3 Trap 使能，最多可配置 3 条 Trap 服务器 IP 地址。

交换机设置完毕后，采集器则以相同的用户名、认证密码和加密密码即可进行连接。

图 11.3－32　添加 SNMP V3 用户及 SNMP V3 Trap 地址

11.3.5　常见问题及解决办法

（1）网络安全监测装置与各主机设备无法建立通信。

检查各主机设备安全监测软件中是否将网络安全监测装置的 IP 加入白名单。如未加入，则需将网络安全监测装置的 IP 加入白名单，并重新启动主机网络安全监测软件。

（2）网络安全监测装置处于离线状态。安装软件，并进行参数配置后，装置侧显示离线状态。

打开终端，执行以下命令，检查进程是否已经运行（见图 11.3－33）：

ps＜空格＞－ef＜空格＞|＜空格＞grep＜空格＞prs7000

图 11.3－33　检查 AGENT 进程

若图 11.3－33 的两个线程已经运行，且此时安全监测装置侧依旧显示离线，那么请确认安全监测装置 IP 已经添加到 IP 白名单。如未添加，请添加后，在终端执行：iptables＜空格＞－F，并重启 prs7000audit 进程。重启进程的方法请参考主机设备接入具体操作方法"配置生效"部分。

（3）参数设置操作时间戳比较失败。在进行参数设置操作时，若平台下发了参数设置的报文后，平台收到的报文时间戳与主机本地的时间戳比较失败、对象不存在等错误提示。

检查部署了 AGENT 的服务器系统时间与平台的系统时间相差是否超过 30s，并检查对应的参数设置项的配置文件是否存在，不存在则生成该配置文件即可。

（4）在测试串口占用及释放时，如果往串口设备文件传送数据后，装置未收到报文。

打开终端，执行：cat/proc/tty/driver/serial，若终端提示该文件不存在，则说明该系统不存在串口设备文件；若终端有如下输出，则在终端执行：echo＜空格＞aaa＜空格＞＞＜空格＞/dev/ttyS0，检查装置是否收到报文。如图 11.3－34 所示。

图 11.3－34　查看串口驱动

11.4　国电南京自动化股份有限公司（国电南自）

11.4.1　主机设备 AGENT 支持情况

主机类 AGENT 支持情况见表 11.4－1。

表 11.4－1　主机类 AGENT 支持情况

主机类型	操作系统	操作系统版本号	位数	各厂商 AGENT 支持情况
监控主机/工作站/数据服务器/综合应用服务器	Windows	Windows XP	32 位	国电南自（无）
				适配：无
				支持：北京科东、南瑞信通、东方电子、东方京海
				兼容：无
		Windows 7	32 位	国电南自（无）
				适配：无
				支持：无
				兼容：南瑞信通
			64 位	国电南自（无）
				适配：无
				支持：北京科东、南瑞信通、东方电子、东方京海
				兼容：无

厂站电力监控系统网络安全监测装置部署操作指南

续表

主机类型	操作系统	操作系统版本号	位数	各厂商 AGENT 支持情况
监控主机/工作站/数据服务器/综合应用服务器	Windows	Windows 2000	32 位	国电南自（无）
				适配：无
				支持：无
				兼容：无
			64 位	国电南自（无）
				适配：无
				支持：无
				兼容：无
	Ubuntu	Ubuntu 8.04	64 位	国电南自（无）
				支持：北京科东、南瑞信通
				兼容：无
		Ubuntu 10.04	64 位	国电南自（无）
				支持：北京科东、南瑞信通
				兼容：无
		Ubuntu 12.04	64 位	国电南自（适配）
				支持：北京科东、南瑞信通、东方京海
				兼容：无
		Ubuntu 14.04	64 位	国电南自（无）
				支持：北京科东、南瑞信通
				兼容：无
	凝思	凝思 6.0.60	64 位	国电南自（无）
				支持：凝思
				兼容：无
	Solaris	Solaris 10u10	64 位	国电南自（无）
				支持：北京四方
				兼容：无
		Solaris Sparc	64 位	国电南自（无）
				支持：无
				兼容：无
保信子站	Debian	Debian 6.0	64 位	国电南自（无）
				支持：北京科东、南瑞信通
				兼容：无

装置类（如数据网关机）AGENT 支持情况见表 11.4-2。

114

表 11.4－2　　　　　　　　　　　装置类 AGENT 支持情况

装置型号	软件版本	中国电科院测试情况	备　　注
PSX681	Ubuntu12.04	已通过	已研发完毕
PSX610G	Debian 5	已通过	已研发完毕
PSX610G	Debian 3	/	无研发计划，升级软件/硬件后部署
PSX600U	/	/	无研发计划，升级软件/硬件后部署
PSX610	/	/	无研发计划，升级软件/硬件后部署
PSX600	/	/	无研发计划，升级软件/硬件后部署

11.4.2　主机设备接入具体操作方法

以 ubuntu12.04 操作系统为例，安装方法为：

（1）将 SvrAgent_ForUbuntu_12.04_X86_64 目录拷贝到/home/cps 目录下。

（2）进入/home/cps/SvrAgent_ForUbuntu_12.04_X86_64 目录，输入如下命令进行安装：sudo sh install.sh。

卸载方法为：

进入/home/cps/SvrAgent_ForUbuntu_12.04_X86_64 目录，输入如下命令进行安装：sudo sh uninstall.sh。

进入/home/cps/SvrAgent_ForUbuntu_12.04_X86_64 目录，进行程序参数配置。

（1）打开配置文件 config.ini，如图 11.4－1 所示。

（2）主机连接Ⅱ型网络安全监测装置的 IP 地址。clientIP 为本机与Ⅱ型网络安全监测装置相连接的网口 IP 地址。

（3）Ⅱ型网络安全监测装置 IP 地址和端口。

1）serverIP：Ⅱ型网络安全监测装置的 IP 地址。

2）serverPort：Ⅱ型网络安全装置的端口号。

（4）网络外联事件白名单。

1）reportInterval：事件上送周期，单位为 s。

2）whiteListIP：白名单 IP 地址。

3）格式：远端协议号，远端 IP 地址，远端端口号；0 表示通配，支持范围配置。

（5）本地 Proxy Server IP 和端口默认，无须修改。

（6）打印开关。printSwitch 为程序在运行时，是否往 log 日志中打印信息的开关项，1 表示打开，0 表示关闭。

（7）CDROM/DVDROM 检测上报周期。romReportInterval 为存在光驱设备检测上送周期，时间为 s。

（8）本地开启服务端口白名单。

```
#电站名称
substation = chongqing shenglibian

#本机连接II型网络安全监测装置的IP地址
clientIP = 192.168.71.10

#II型网络监测装置IP地址和端口
serverIP = 192.168.71.2
serverPort = 8800

#网络外联事件白名单
#备注：远端协议号，远端IP地址，远端端口号；0 表示通配；IP地址支持范围配置，如：1.1.1.2-1.1.1.10(只支持C类地址)
reportInterval = 120
whiteListIP = tcp,172.20.99.12,80
whiteListIP = tcp,172.20.98.10-172.20.98.13,8080
whiteListIP = tcp,172.20.98.110-172.20.98.113,808
whiteListIP = udp,0,0
whiteListIP = tcp,192.168.71.1-192.168.71.10,8800

#本端proxy Server IP和端口
localServerIP = 127.0.0.1
localServerPort = 8801

#打印开关 1打开，0关闭
printSwitch = 1

#CDROM/DVDROM检测上报周期
romReportInterval = 3600

#本地开启服务端口白名单
#     备注：本地服务端口(不支持范围配置)，端口功能描述
legalPort = 20,ftp
legalPort = 21,ftp
legalPort = 22,SSH
legalPort = 102,61850server
legalPort = 123,SNTP_SUT_Server
```

图 11.4-1　配置文件界面

1）legalPort：白名单端口号，用"本地服务端口，端口描述"格式填写。

2）illegalPortReportInterval：为事件上送周期，单位为 s。

（9）关键文件变更。keyDir 为被监控的文件夹路径。

（10）功能开关。

#功能开关：1，开启；0，关闭；其他，关闭

#登录开关，包括：登录成功、退出登录、本机登录失败

loginSwitch=1

#操作回显开关

opOutputSwitch=1

#操作输入信息开关

opInputSwitch=1

#外设监控开关，包括：USB 接入、USB 拔出、光驱加载、光驱卸载

deviceSwitch=1

```
#串口占用/释放开关
serialSwitch=1
#非法外联开关
illegalIPSwitch=1
#存在光驱设备开关
CDROMCheckSwitch=1
#开放非法端口开关
illegalPortSwitch=1
#网口 UP/DOWN 开关
netMonitorSwitch=1
#关键文件/目录变更开关
keyFileSwitch=1
#用户权限变更开关
userAuthSwitch=1
#操作控制：基线核查开关
baselineCheckSwitch=1
#操作控制：参数查询开关
paraQuerySwitch=1
#操作控制：参数设置开关
paraSetSwitch=1
#操作控制：主动断网开关
netBreakSwitch=1
```

11.4.3　网络设备支持情况

网络设备支持情况见表 11.4-3。

表 11.4-3　　　　　　　　网 络 设 备 支 持 情 况

交换机型号	固件版本	软件版本	SNMP 协议支持情况	备　注
PSW-618E	V2.3.2.17	V2.3.2.17 及以上	V2c/V3 支持	已研发完毕
PSW-618D	V2.3.2.17	V2.3.2.17 及以上	V2c/V3 支持	已研发完毕
PSW-618F	V2.3.2.17	V2.3.2.17 及以上	V2c/V3 支持	已研发完毕
PSW 618E	/	/	V2c/V3/不支持	无研发计划，升级硬件后部署
PSW 618D	/	/	V2c/V3/不支持	无研发计划，升级硬件后部署

11.4.4 网络设备接入具体操作方法

11.4.4.1 升级方法

（1）登录设备 WEB 界面（交换机配置的默认地址为 192.168.0.1；用户名：admin；密码为空），注意确定交换机地址，升级时不要多个交换机互联；站内实施时确保每台交换机地址唯一并记录台账。如图 11.4-2 所示。

系统管理→系统信息中查看原交换机版本，软件版本为 V2.3.2.16 以上时不用升级。

图 11.4-2　设备 WEB 界面

图 11.4-3　选择系统维护界面

（2）选择左边栏最下方系统维护，如图 11.4-3 所示。

（3）选择配置保存及导出，先将设备配置保存一遍。点击"保存"按钮，出现保存配置成功，即为成功保存配置。然后点击"配置导出"，导出 config.xml 文件。

（4）选择固件更新，固件见附件 KNS5000.dat。如图 11.4-4 所示。

点击"浏览"，选择需要升级的固件文件，打开上传文件，如图 11.4-5 所示。

图 11.4-4　固件更新界面

图 11.4-5　上传固件更新文件

图 11.4-5 为正在升级，等待即可。

（5）升级成功后会自动跳转到主页面，如图 11.4-6 所示。

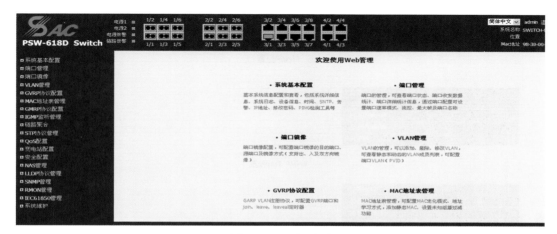

图 11.4-6　主页面

此时点击"系统维护"→"系统重启"，点击确认，待系统重启后即完成此次升级。升级完成后，导入原有配置。

11.4.4.2　配置方法

（1）用户配置（用户名和密钥需要内网监视机厂家提供）如图 11.4-7 所示。

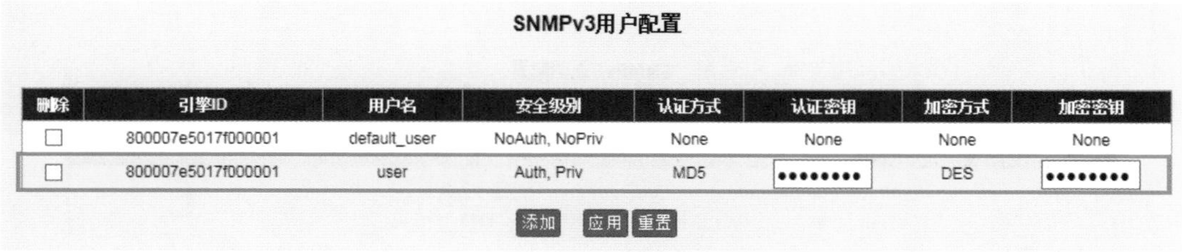

SNMPv3用户配置

删除	引擎ID	用户名	安全级别	认证方式	认证密钥	加密方式	加密密钥
☐	800007e5017f000001	default_user	NoAuth, NoPriv	None	None	None	None
☐	800007e5017f000001	user	Auth, Priv	MD5	••••••••	DES	••••••••

添加　应用　重置

图 11.4-7　用户配置界面

（2）组配置—添加用户组如图 11.4-8 所示。

119

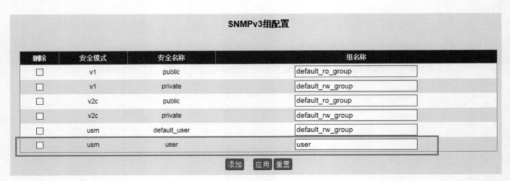

图 11.4-8　添加用户组

（3）SNMP 设置如图 11.4-9 所示，图中的 Trap 目的地址为内网监视机器的地址。SNMP 版本可选 V1、V2c、V3。

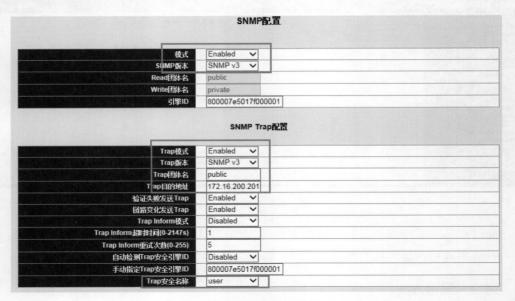

图 11.4-9　SNMP 设置

（4）SNMP V3 视图设置如图 11.4-10 所示。

图 11.4-10　SNMP V3 设置

（5）SNMP V3 访问控制设置，如图 11.4－11 所示。

SNMPv3访问控制

删除	组名称	安全模式	安全级别	Read视图名称	Write视图名称
☐	default_ro_group	any	NoAuth, NoPriv	default_view ∨	None ∨
☐	default_rw_group	any	NoAuth, NoPriv	default_view ∨	default_view ∨
☐	user	usm	Auth, Priv	default_view ∨	default_view ∨

添加 应用 重置

图 11.4－11　SNMP V3 访问控制设置

11.4.5　常见问题及解决办法

（1）主机配置文件更新。

配置文件（home/cps/SvrAgent_ForUbuntu_12.04_X86_64/config.ini）发生变更，需要进行程序重启，步骤如下：

1）进入目录/home/cps/SvrAgent_ForUbuntu_12.04_X86_64，执行命令：sudo　sh uninstall.sh。

2）进入目录/home/cps/SvrAgent_ForUbuntu_12.04_X86_64，执行命令：sudo　sh install.sh。

（2）主机 Agent 版本查看方法。

1）进入目录：/home/cps/SvrAgent_ForUbuntu_12.04_X86_64/bin。

2）输入命令：python version.pyc。

（3）主机 Agent 进程查看方法。在命令行中输入命令：ps－ef　|grep python，出现回显信息如图 11.4－12 所示。

```
srvA:~# ps -ef | grep python
root   3019   1 3 20:38 tty1   00:00:01 python -u /root/SvrAgent_ForDebian_5/bin/secInfoRootStart.pyc
root   3026   1 0 20:38 tty1   00:00:00 python -u /root/SvrAgent_ForDebian_5/bin/proxy.pyc
root   3033   1 0 20:38 tty1   00:00:00 python -u /root/SvrAgent_ForDebian_5/bin/loginMonitor.pyc
root   3040   1 0 20:38 tty1   00:00:00 python -u /root/SvrAgent_ForDebian_5/bin/serialMonitor.pyc
root   3047   1 0 20:38 tty1   00:00:00 python -u /root/SvrAgent_ForDebian_5/bin/userMonitor.pyc
root   3060   1 0 20:38 tty1   00:00:00 python -u /root/SvrAgent_ForDebian_5/bin/fileMonitor.pyc
root   3067   1 0 20:38 tty1   00:00:00 python -u /root/SvrAgent_ForDebian_5/bin/commandRecord.pyc
root   3074   1 0 20:38 tty1   00:00:00 python -u /root/SvrAgent_ForDebian_5/bin/deviceMonitor.pyc
root   3082   1 0 20:38 tty1   00:00:00 python -u /root/SvrAgent_ForDebian_5/bin/ipMonitor.pyc
root   3089   1 0 20:38 tty1   00:00:00 python -u /root/SvrAgent_ForDebian_5/bin/cdromMonitor.pyc
root   3099   1 0 20:38 tty1   00:00:00 python -u /root/SvrAgent_ForDebian_5/bin/illegalPortMonitor.pyc
root   3116   1 0 20:38 tty1   00:00:00 python -u /root/SvrAgent_ForDebian_5/bin/netMonitor.pyc
root   3123   1 0 20:38 tty1   00:00:00 python -u /root/SvrAgent_ForDebian_5/bin/baselineCheck.pyc
root   3139   1 0 20:38 tty1   00:00:00 python -u /root/SvrAgent_ForDebian_5/bin/commandContent.pyc
```

图 11.4－12　回显信息

11.5　江苏金智科技股份有限公司（江苏金智）

11.5.1　主机设备 AGENT 支持情况

主机类 AGENT 支持情况见表 11.5－1。

表 11.5－1   主机类 AGENT 支持情况

主机类型	操作系统	操作系统版本号	位数	各厂商 AGENT 支持情况
监控主机/数据服务器/综合应用服务器/操作员站	Windows	Windows XP	32 位	江苏金智
				适配：无
				支持：北京科东、南瑞信通、东方电子、东方京海
				兼容：无
		Windows 7	32 位	江苏金智
				适配：无
				支持：无
				兼容：南瑞信通
			64 位	江苏金智
				适配：无
				支持：北京科东、南瑞信通、东方电子、东方京海
				兼容：无
	Redhat	Redhat 6.4	64 位	江苏金智
				支持：北京科东
				兼容：南瑞信通、南瑞继保、东方电子、珠海鸿瑞

11.5.2 主机设备接入具体操作方法

（1）把 safeinfo 文件解压到 ipacs 主文件夹（和 ipacs5000 在同一目录下），打开 safeinfo 文件夹，该文件夹下有 config.ini 和 safeinfo.ini 两个文件已配置好，只需根据主备机情况修改 safeinfo.ini 文件的 IP 和设备名即可。

（2）配置文件 safeinfo.ini（见图 11.5－1）。具体内容如下，请根据需要修改：

svrip＝192.168.0.151；对侧装置的 IP 地址，由对方提供，根据站内网段分配

svrport＝8800；对侧装置的服务端口，由对方提供

equipname＝scada1；设备名称

equipip＝192.168.0.201；设备 IP，修改成本机 IP

vendor＝wiscom；设备厂家

equiptype＝SVR；设备类型，不用改

（3）配置文件 config.ini（见图 11.5－2）。具体内容如下，请根据需要修改：

keyfile1＝/home/ipacs/tools/test1

keypath2＝/home/ipacs/tools/test2/

link1＝tcp，192.168.0.1－192.168.0.255，0

port2＝22，tcp

```
readme.txt    safeinfo.ini

svrip=192.168.0.151
svrport=8800

equipname=scada2
equipip=192.168.0.202
vendor=wiscom
equiptype=SVR
```

```
readme.txt    config.ini

link1=tcp,192.168.0.1-192.168.0.255,0
port2=22,tcp
link2=tcp,127.0.0.1,0
```

图 11.5－1　配置文件 safeinfo.ini   图 11.5－2　配置文件 config.ini

keyfile 和 keypath 开头的文件指的是关键文件和关键路径，后面添加数字序号，可以采用 keyfile1、keyfile2、keypath3、keypath4…排下去（一般不用配，直接删掉就行）。

注意，关键文件的路径末尾不能有/，而关键路径的末尾必须有/。

以 link 打头的表示网络连接白名单，不在其中的就属于非法外联，共 3 个参数，用逗号分隔：

1）第一个参数为 TCP 或者 UDP（一般配置 TCP 连接业务就行）。

2）第二个参数为 IP 地址，可以是单个值，也可以是一个范围，当设置成范围时，采用"－"隔开，如 192.168.0.1－192.168.0.100，0 表示不限制（根据需求来配置，如果用户没有要求就配 0，默认全网段都是白名单，如果有要求就根据站内的网段增加）。

3）第三个参数为端口，同样可以是单个值，也可以是一个范围，当设置成范围时，采用"－"隔开，如 1－100，0 表示不限制（端口一般配 0，默认全部端口为白名单）。

以 port 打头的表示服务端口白名单，不在其中的端口若开开发就属于非法开发端口，有 2 个参数，用逗号分隔：

1）第一个参数为端口号（后台端口为 22）。

2）第二个参数为服务名称。

白名单可以有多条，可以采用 link1、link2、port3、port4…排列下去。

目前 safeinfo.ini 和 config.ini 修改后都必须重新启动系统，这个问题可以视现场需要再决定是否进行修改，如果认为不重启直接生效的方式不安全就不考虑修改了。

（4）在 safeinfo 文件夹下打开终端，输入 su 切换到 Root 用户。

输入 chmod　a+x　rslog，在 root 用户下在 opt 文件夹里创建 oplog 文件夹，在终端里切换到 Root 用户，输入 chmod　777/opt/oplog，/opt/oplog 文件夹可在终端里切换 Root 用户，输入 mkdir/opt/oplog 来创建。如图 11.5－3 和图 11.5－4 所示。

图 11.5-3　创建 oplog 及赋权限

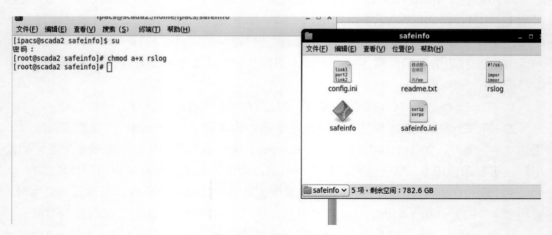

图 11.5-4　rslog 赋权限

在终端里切换到 Root 用户，输入 gedit/etc/bashrc，编辑 bashrc，在最后加入如下代码，如图 11.5-5 所示：

\#history

USER_IP=`who-u am i 2>/dev/null| awk '{print $NF}'|sed-e 's/[()]//g'`

if["$USER_IP"!=""]

then

　#USER_IP=`hostname`

　USER_TTY=`tty`

　USER_TTY=${USER_TTY#*/dev/}

USER_TTY＝$\{USER_TTY//\/\\\}

USER_DIR＝$\{PWD//\/\\\}

DT＝`date "+%Y_%m_%d_%H_%M_%S"`

if[$SHLVL－eq 2－a "$SSH_CONNECTION"＝＝""－o $SHLVL－eq 1];then

　script－a－q－f/opt/oplog/$USER－$USER_TTY－$USER_IP－$USER_DIR－$DT.log

fi

if[$SHLVL－eq 2－a "$SSH_CONNECTION"＝＝""－o $SHLVL－eq 1];then

　　exit

　fi

Fi

[root@scada2 safeinfo]# gedit /etc/bashrc

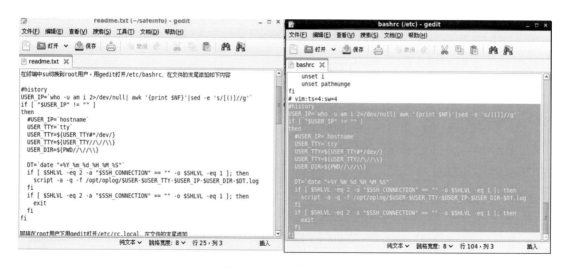

图 11.5－5　编辑 bashrc

在终端里切换到 Root 用户，输入 gedit/etc/rc.local，编辑 rc.local，在最后加入如下代码图，如图 11.5－6 所示：

rm/opt/oplog/*.log

/home/ipacs/safeinfo/safeinfo&

（5）配置好后关机重启，safeinfo 会开机自启动，但小窗口不会出来，如果想要查看窗口的报文，在 safeinfo 文件夹下打开终端，切换到 Root 用户，输入 ps aux | grep safeinfo，会弹出很多进程，类似于下面的进程：

root　4709 0.9 0.4 48344 9352 pts/5　Sl＋13:50 0:00/home/ipacs/safeinfo/ safeinfo（类似于这样的进程，路径一样，进程号由实际决定，不固定）。

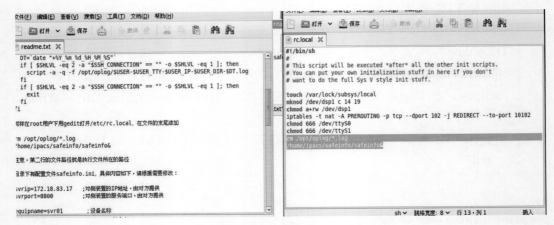

图 11.5－6　编辑 rc.local

4709 是进程号，实际运行时会有变化，根据实际运行情况来，可以用 kill 4709 杀除进程，否则无法启动第二个进程.在终端输入 safeinfo 1，会弹出 safeinfo 的小窗口，里面会有类似于下面的报文：

2018－04－20 13：56：18：ipacs：pts/7 172.18.83.84 login

2018－04－20 13：56：18：＜5＞2018－04－20 13：56：17 svr01 SVR 5 15 172.18.83.84 172.18.83.84 2018－04－20 13：56：00 ipcas

2018－04－20　13:56:18:/opt/oplog/ipacs－pts\7－:0.0－\home\ipacs\tools\safeinfo－2018_04_20_13_56_17.log

safeinfo 运行情况如图 11.5－7 所示。

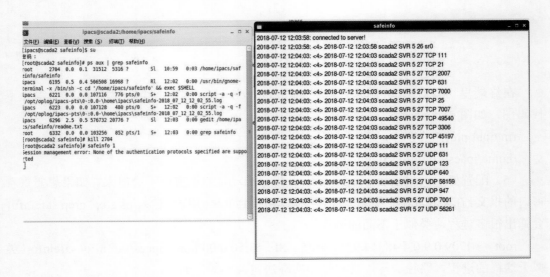

图 11.5－7　safeinfo 运行情况

11.5.3 网络设备支持情况

网络设备支持情况见表 11.5−2。

表 11.5−2 网 络 设 备 支 持 情 况

交换机型号	固件版本	软件版本	SNMP 协议支持情况	备 注
W−2000		2.3x	V2	

11.5.4 网络设备接入具体操作方法

（1）Wislink−2000 型号交换机、电脑、网线、交换机串口配置线、USB 转串口。

（2）电脑连接交换机任何一个不用的网口，交换机的默认 IP 在交换机机身上，PC 的 IP 地址需要与交换机的 IP 地址属于同一网段。

（3）如果不知道交换机 IP，连接交换机串口配置线，输入 a1 命令会显示第 23 个网口 IP 地址。

（4）利用电脑 Ping 交换机的 IP 地址，确保能够 Ping 通。

（5）打开"运行"，输入 FTP 默认 IP 地址，用户名：admin，密码：password，依次输入：① bin；② ha；③ cd prog；④ put 升级的 vxWorks 文件。

（6）重启交换机。

11.5.5 常见问题及解决办法

（1）上送安全管理平台的信息解析出现乱码。

首先查看安全监测装置收到和上送的信息解析是否正确，判断问题是由网络安全监测装置导致还是被监测装置导致，然后通过网络安全监测装置抓取网络报文，分析报文内容格式是否符合规范。

（2）在运站个别旧设备不具备安全监测接入能力。

进行换代升级，采购具有相同功能且具备安全接入能力的设备进行替代。不具备安全接入能力又无法替换的设备只能暂缓接入，另行设计部署接入方案。

（3）个别被监测装置通信时断时通。

首先分别检查被监测装置和网络安全监测装置的 IP、端口等参数配置是否正确，然后检查站内物理通信网络是否正常，是否存在 A/B 网串联。网络安全监测装置一般为单网运行，确认是否存在 IP 冲突，确认同一台被监测装置上 AGENT 服务只启动一个。

（4）网络安全管理平台收到异常事件信息问题。

确定是否有真实事件产生，确认接入设备参数配置是否正确。

（5）非法外联事件误报。

首先检查白名单的配置是否正确，检查软总线和二次设备的需要进行外联的 IP 是否已经全部配入白名单。如没有，则手动将 IP 地址添加至白名单表即可。

（6）AGENT 不能正常启动。

检查启动程序的用户是否具备权限，通常 Root 用户是启动程序的最佳用户。

（7）非法外联白名单不生效。

检查配置的非法外联白名单、非法端口等参数格式是否正确，不正确的格式会导致配置不生效。

（8）服务代理功能异常。

检查网络安全监测装置和被监测装置时钟时间是否一致，当二者时间差大于 30s 时，会导致服务代理功能时间戳验证失败。

（9）事件不上送调度主站。

网络安全监测装置收到被监测设备的事件信息，但不上送调度主站，由集成单位检查接入被监测设备资产的配置信息是否正确。

（10）网络安全监测装置收不到主机事件信息。

首先检查 AGENT 配置连接的网络安全监测装置是否正确，然后确认网络是否正常，如果还是不行则需确认 AGENT 是否正常运行。

11.6　南京南瑞继保工程技术有限公司（南瑞继保）

11.6.1　主机设备 AGENT 支持情况

主机类 AGENT 支持情况见表 11.6-1。

表 11.6-1　　　　　　　　　　　主机类 AGENT 支持情况

主机类型	操作系统	操作系统版本号	位数	各厂商 AGENT 支持情况
监控主机/工作站/数据服务器/综合应用服务器/保信子站等	Windows	Windows XP	32 位	南瑞继保（无）
				适配：无
				支持：北京科东、南瑞信通、东方电子、东方京海
				兼容：无
			64 位	南瑞继保（无）
				适配：无
				支持：无
				兼容：南瑞信通
		Windows 7	32 位	南瑞继保（无）
				适配：无

主机类型	操作系统	操作系统版本号	位数	各厂商 AGENT 支持情况
监控主机/工作站/数据服务器/综合应用服务器/保信子站等	Windows	Windows 7	32 位	支持：无
				兼容：南瑞信通
			64 位	南瑞继保（无）
				适配：无
				支持：北京科东、南瑞信通、东方电子、东方京海
				兼容：无
		Server 2003	32 位	南瑞继保（无）
				适配：无
				支持：北京科东、南瑞信通、东方京海
				兼容：无
			64 位	南瑞继保（无）
				适配：无
				支持：无
				兼容：南瑞信通
		Server 2008	32 位	南瑞继保（无）
				适配：无
				支持：无
				兼容：南瑞信通
			64 位	南瑞继保（无）
				适配：无
				支持：北京科东、南瑞信通、珠海鸿瑞、东方京海
				兼容：无
	Redhat	Redhat 5.8	64 位	南瑞继保（适配）
				支持：东方京海
				兼容：北京科东、南瑞信通
		Redhat 6.5	64 位	南瑞继保（适配）
				支持：东方电子、东方京海、积成电子
				兼容：北京科东、南瑞信通、珠海鸿瑞
	CentOS	CentOS 5.8	64 位	南瑞继保（适配）
				支持：无
				兼容：南瑞信通
		CentOS 6.5	64 位	南瑞继保（适配）
				支持：北京科东、南瑞信通、东方京海
				兼容：珠海鸿瑞

主机类型	操作系统	操作系统版本号	位数	各厂商 AGENT 支持情况
监控主机/工作站/数据服务器/综合应用服务器/保信子站等	凝思	凝思 6.0.60	64 位	南瑞继保（无）
				支持：凝思
				兼容：无
	Solaris	Solaris 10u10	32 位	南瑞继保（无）
				支持：上海思源、许继电气
				兼容：无
	Debian	debian 6.0	64 位	南瑞继保（无）
				支持：北京科东、南瑞信通
				兼容：无

装置类（如数据网关机）AGENT 支持情况见表 11.6－2。

表 11.6－2　　　　　　　　　装置类 AGENT 支持情况

装置型号	软件版本	中国电科院测试情况	备　注
PCS－9799	1.03	正在测试	支持部署探针的远动机仅 PCS－9799

11.6.2　主机设备接入具体操作方法

11.6.2.1　Linux 系统

目前支持以下版本：Redhat 5.x、6.x，Centos5.x、6.x，Debian6，凝思 6。

1. 安装部署

使用 FTP 工具将归档的 PCS－9895D 软件压缩包传到主机电脑的/users/ems 目录下并解压，然后在终端中输入如下命令，执行探针安装脚本，如图 11.6－1 所示。

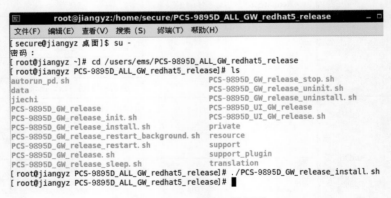

图 11.6－1　安装部署界面

说明：

（1）"su-"。切换到 su 账户并使用 su 的环境变量，此处不可缺少"-"符号，如果仅输入 su 则表示使用 ems 的环境变量，会导致生成的机器码不正确。

（2）输入 root 账户的密码"123456"，若加固过的电脑则密码为"Nroot-9700"。

（3）命令用于切换到探针所在目录。

（4）命令运行安装脚本。

2．申请注册

（1）在终端"su-"下输入"./PCS-9895D_UI_GW_release.sh"，若首次运行，会弹出如下注册界面，显示注册所需的本台主机"唯一识别码"，如图 11.6-2 所示。

图 11.6-2 唯一识别码

（2）点击"查看二维码"，用手机钉钉的扫一扫功能扫描二维码得到对应的主机"唯一识别码"字符串，连同带有探针物料的合同号，一起复制发给客服，申请探针注册码。

（3）在图 11.6-2 框中输入客服提供的注册码和对应的合同号，便可注册成功。

3．配置

注册成功后，在"su-"下重新运行./PCS-9895D_UI_GW_release.sh，输入用户名 operator、密码 PCS9895@pcs9895 登录。

提示：执行./PCS-9895D_UI_GW_release_independent.sh 脚本，可以在未注册情况下打开配置工具进行配置。

进入主界面，归档程序已经提供了默认的配置参数，下面针对一些常用的配置参数进行说明。

（1）基本配置如图 11.6-3 所示。

1）启用主机设备信息采集：勾上则开启 PCS-9895D 功能，如果不勾上，所有功能失效。

2）服务端 A、B 网 IP：填厂站安全监测装置 PCS-9895B 与本主机 A、B 网相连的 IP 地址，若无 B 网可不填。

3）服务端 A、B 网端口：厂站安全监测装置 A、B 网监听的端口，默认设置为 8800。

4）本地 A、B 网网口：指本机 A、B 网对应的网卡设备。

（2）操作事件配置如图 11.6-4 所示。

图 11.6－3　基本配置

图 11.6－4　操作事件配置

默认不勾选。若勾选此项，则在终端中输入的命令和回显信息将被探针记录下来上送给网络安全监测装置。

（3）网络外联事件配置。将合法的网络连接配置在本表格中。凡是不在表格中的网络连接，都将会产生一个网络外联事件报警信号。如图 11.6－5 所示。

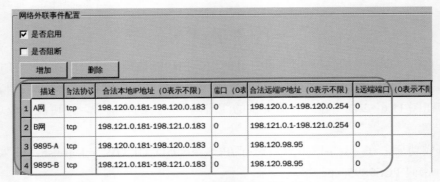

	描述	合法协议	合法本地IP地址　(0表示不限)	端口　(0表	合法远端IP地址　(0表示不限)	远端端口　(0表示不限
1	A网	tcp	198.120.0.181-198.120.0.183	0	198.120.0.1-198.120.0.254	0
2	B网	tcp	198.121.0.181-198.121.0.183	0	198.121.0.1-198.121.0.254	0
3	9895-A	tcp	198.120.0.181-198.120.0.183	0	198.120.98.95	0
4	9895-B	tcp	198.121.0.181-198.121.0.183	0	198.120.98.95	0

图 11.6－5　网络外联事件配置

填写说明如下：

1）本地 IP 地址通常填写本主机的 A、B 网 IP 地址，端口号填 0 表示允许任意端口。

2）正常运行时，后台对下通信都属于正常连接，可以将后台 A、B 网网段涉及的 TCP 连接添加进来，IP 地址段填写格式示例：198.120.0.1－198.120.0.254（中间分隔符为"－"，其他字符无效）。

3）后台和 PCS－9895B 之间的通信应属于合法连接，也应添加进本表。

4）"是否阻断"勾选后将主动断开不在本列表中的网络连接。现场配置时尽量不要勾选，防止在这里设置的不全，阻断了一些不在此表中的正常连接，影响正常业务互联。

5）可以在主机上使用 netstat－an 命令查看主机的所有连接、IP 和端口。

（4）开放非法端口事件配置如图 11.6－6 所示。

图 11.6-6 开放非法端口事件配置

在图 11.6-6 的表格中添加合法端口的白名单，"合法端口起始值"至"合法端口结束值"之间的所有端口都是合法端口。

"是否触发上送"选项：

1）勾选此项时，采用触发方式上送非法端口开放事件，即只有当某个端口从无到有时，才会上报一次，如果该端口在探针软件启动前就已经开放，则不会报警，探针软件默认延时 60s 启动，所以一般后台启动时已经开放的端口不会再报警。

2）不勾此项时，采用周期上送所有不在白名单中的所有端口开放事件，上送周期由"上送周期（秒）"配置。

3）测试时可以临时取消勾选本选项以便上送端口开放事件，测试完毕正式运行时，建议恢复勾选本项。

（5）关键文件变更配置。监视关键文件或文件目录，如有关键文件或目录的增加、删除、权限变更、文件内容修改等，则触发关键文件变更报警信号。此处可以把探针目录、后台目录等重要目录添加进来。如图 11.6-7 所示。

图 11.6-7 关键文件变更配置

1）输入路径时注意区分大小写。

2）如果是目录，路径最后要加"/"，如"/home/bbb/"，如果是文件，则输入文件完整路径和文件全名，如"/home/ccc"。

3）关键目录内的子目录增加删除文件或权限变更等不会报警，规范规定的。

4）其余未说明的参数均采用默认配置，具体可参考探针程序归档附带的说明书。

（6）高级配置如图 11.6-8 所示。

操作回显模式：模式 1 主要用于 Redhat5.8、Centos5.8、Redhat6.5、Centos6.5 等系统，模式 2 主要用于 Redhat5.5、Centos5.5、Debian6.0 等系统，默认为模式 1，当模式 1 操作回显无法正常显示时，尝试使用模式 2。该项配置对 Solaris 无效。Windows 下无须配置。

TCP 连接通断判断方式：keepalive 方式使用 TCP 的 keepalive 机制判断与服务端连接的通断，Ping 方式使用 Ping 命令判断与服务端连接的通断，在大部分 Linux 机器上，都推荐使用 keepalive 方式，少量的 Linux 机器 keepalive 机制无效，则使用 Ping（部分华为的服务器 keepalive 无效）。在 Solaris 机器上，则只能使用 Ping 方式。在 Windows 机器上，推荐使用 keepalive 方式。

（7）保存配置。配置完成后，点击保存，保存成功后，会弹出如下对话框，点击"Yes"，则会重启逻辑进程，使配置立即生效，点击"No"，则不会重启逻辑进程，需要手动重启。如图 11.6－9 所示。

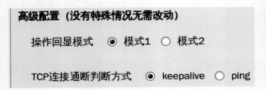

图 11.6－8　高级配置

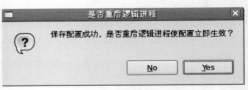

图 11.6－9　保存配置

11.6.2.2　Solaris 系统

目前支持 32 位 Solaris 10 版本。

1. 安装部署

（1）使用 cat/etc/release 命令查看操作系统，确认为 Solaris 10 和 X86（即 32 位）系统，其他系统暂不支持。如图 11.6－10 所示。

```
scada1:ems>cat /etc/release
        Oracle Solaris 10 1/13 s10x s10x_u11wos_24a x86
Copyright(c) 1983, 2013, Oracle and/or its affiliates. All rights reserved.
        Assembled 17 January 2013
```

图 11.6－10　查看操作系统界面

（2）将归档文件夹下 PCS－9895D_ALL_GW_solaris10_release.tar.gz 程序压缩包拷贝至目标机器上的任意目录下（ftp 登录，ems 用户密码为 1234ab，root 用户密码为 123456），推荐放置于/export/program/目录下，若现场主机没有这个目录，也可以放在/users/ems/目录下。解压得到程序目录 PCS－9895D_ALL_GW_solaris10_release。由于 solaris 下默认的 tar 命令不好用，推荐使用 gtar 命令，解压命令为：

/usr/sfw/bin/gtar－zxf PCS－9895D_ALL_GW_solaris10_release.tar.gz

（3）使用命令 su-切到 Root 权限，注意这里是"su-"，不是"su"。切到 Root 后 cd 进入程序目录所在路径，执行以下命令：

1）将程序目录拥有者和组改为 Root：

chown-R root：root PCS-9895D_ALL_GW_solaris10_release

2）将程序目录权限改为 744：

chmod-R 744 PCS-9895D_ALL_GW_solaris10_release

（4）执行 gedit/etc/passwd 命令，观察 Root 那一行最右边，如果是/bin/sh 或者/sbin/sh，将其改为/bin/bash，如果是/bin/csh 或者/bin/tcsh 等，则不改动，注意这个文件用程序自动改动风险较大，所以这里要求手动改。如图 11.6-11 所示。

```
root:x:0:0Super-User:/:/bin/bash
daemon:x:1:1::/:
```

图 11.6-11　执行 gedit/etc/passwd 结果

如果 gedit 打不开，可以使用 vi 命令：vi/etc/passwd。点击"i"进入插入模式，在光标处添加字符；删除字符：点击"esc"退出插入模式，将光标移动至该字符上，点击"x"即删除；修改之后点击"："，输入"wq!"，保存退出 vi 界面。

重新打开一个终端，登录 su-账户，会发现环境变量发生变化，如图 11.6-12 所示。

```
scada2:ems>su -
口令：
Oracle Corporatation SunOS 5.10   Generic   Patch   January   2005
You have new mail.
-bash-3.2#
```

图 11.6-12　环境变量变化

（5）切换到探针所在目录，执行./PCS-9895D_GW_release_install.sh 命令安装脚本，如图 11.6-13 所示，即完成了程序安装，程序开机将自启动。

```
-bash-3.00# ./PCS-9895D_GW_release_install.sh
-bash-3.00#
```

图 11.6-13　安装脚本

（6）1.03 版本探针需要手工设置探针软件后台运行，在 su-下执行 gedit/etc/inittab，在图中红框处加一个&，保存退出。如图 11.6-14 所示。

```
initab  x
1# Copyright 2004 Sun Microsystems, Inc.  All rights reserved.
2#NR_AUDIT_GW_INSTALL_BEGIN
398a:2345:wait:/export/program/PCS-9895D_ALL_GW_solaris10_release/PCS-9895D_GW_release_uninit.sh
498z:2345:wait:/export/program/PCS-9895D_ALL_GW_solaris10_release/PCS-9895D_GW_release_sleep.sh &
5#NR_AUDIT_GW_INSTALL_END
```

图 11.6-14　设置探针软件后台运行

（7）安装完成，建议重新启动电脑。

2. 申请注册

在终端中 su-下输入 "./PCS-9895D_UI_GW_release.sh"，注册方法和 Linux 系统一样。

提示：Solaris 系统由于 9700 后台的一些环境变量设置，导致探针注册和配置界面打不开，可以关闭后台运行窗口，或重启电脑之后不要打开后台窗口，也可以用笔记本连上主机后 Xmanager 登录主机打开配置窗口。

3. 配置

配置方法参考 Linux 系统配置方法。与 Linux 系统配置区别如下：

（1）串口事件配置。串口配置表里需要添加要监测的串口设备名全路径及描述，在一般的 Linux 系统中，串口设备路径一般为/dev/ttyS0～/dev/ttyS3，可以使用/dev/ttyS* 这种方式表示所有以/dev/ttyS 开头的串口设备。在 Solaris 系统中串口设备路径一般为/dev/term/a、/dev/term/b、/dev/ttyr2 等。对应的串口描述也要改为 "Solaris 标准串口"。

（2）并口事件配置。配置表里面添加并口设备名全路径以及描述，在一般的 Linux 系统中，并口设备名一般为/dev/parport0～/dev/parport3。在 Solaris 系统中并口设备名一般为/dev/ecpp0 等。对应的并口描述也要改为 "Solaris 标准并口"。

（3）光驱事件配置。需要勾上 "是否手动设置光驱设备名" 选项，其中 "光驱设备名（光驱挂载事件）" 一般设置为/vol/dev/dsk/c0t4d0，"光驱设备名（存在光驱事件）" 一般设置为 c0t4d0，如图 11.6-15 所示。

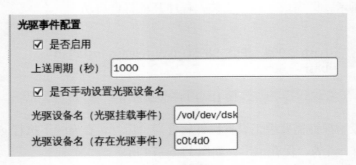

图 11.6-15　光驱事件配置

（4）高级配置。"TCP 连接通断判断方式"选择 Ping。

11.6.2.3　Windows 系统

目前支持以下版本：Windows XP SP3，Windows 7，Windows Server 2003，Windows Server 2008，支持对应的 32 位和 64 位系统。

特别注明：Windows 2000、Windows XP SP2 和 Windows 10 暂不支持。

1. 安装部署

（1）核实操作系统版本是否支持，如果不确定当前电脑操作系统版本，可以在 CMD 窗口输入 winver 回车进行查看。

（2）将 PCS-9895D_REG_GW_release.7z 程序压缩包拷贝至目标机器上的任意非中文且不带空格文件夹下，推荐放置于 C 盘根目录，解压得到程序目录 PCS-9895D_REG_GW_release。

（3）以管理员身份运行程序目录下的 vcredist_x86.exe 文件。

（4）以管理员身份打开 CMD 窗口，用 cd 命令切换到 PCS-9895D_REG_GW_release 目录，运行"PCS-9895D_GW_release.exe-i"安装服务，安装的服务名为：ASafety ProbeService，WIN+R 运行窗口中输入 services.msc 并回车，在打开的服务管理器窗口中找到 ASafetyProbeService，并确认其启动类型是否为"自动"。

（5）运行"PCS-9895D_GW_release.exe-s"启动服务，通过服务管理器窗口查看 SafetyProbeService 服务的运行状态是否处于"已启动"（建议即使在已启动的情况下也先右键停止再启动）。

（6）调试阶段可以在 CMD 窗口中运行"PCS-9895D_GW_release.exe run"前台启动探针进行调试，在前台窗口中可以按 Ctrl+C 关闭探针进程。探针运行日志在程序目录的 data 文件夹内。

2. 申请注册

双击程序目录中的 PCS-9895D_UI_GW_release.exe，得到主机码。后续操作参考前文申请注册步骤。

3. 配置

配置方法参考 Linux 系统配置方法。与 Linux 系统配置区别如下：

（1）登录事件配置。Windows 下如果需要用户登录失败信号，需要按照如下说明来配置组策略：点击 Windows+R 键，弹出"运行"窗口，输入"gpedit.msc"回车，在弹出的"本地组策略编辑器"窗口中依次点击："计算机配置"→"Windows 设置"→"安全设置"→"本地策略"→"审核策略"→"审核登录事件"，如图 11.6-16 所示。

图 11.6-16　本地组策略编辑器

双击"审核登录事件",在弹出的窗口中将"成功""失败"两个勾选框都勾选上后,点击"确定"即可,结果如图 11.6-17 所示。

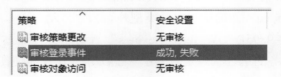

图 11.6-17　审核登录事件安全设置

(2)串口事件配置。在 Windows 系统中设备名一般为 COM1、COM2。

(3)并口事件配置。在 Windows 系统中设备名一般为 LPT1、LPT2。

(4)配置完成后,将 PCS-9895D_UI_GW_release 内的 private 文件夹拷贝到 PCS-9895D_REG_GW_release 中进行覆盖,同时还需将 private 文件夹拷贝到 C:\Windows\System32(32 位)或 C:\Windows\SysWOW64\(64 位)中,并重启以使探针新配置生效。

11.6.3　网络设备支持情况

网络设备支持情况见表 11.6-3。

表 11.6-3　　　　　　　　　网 络 设 备 支 持 情 况

交换机型号	固件版本	软件版本	SNMP 协议支持情况	备　注
PCS-9882XD	3.17 以上	3.17 以上	V3	

11.6.4 网络设备接入具体操作方法

11.6.4.1 支持版本

南瑞继保的交换机目前只有 PCS9882－AD/BD/ED V3.17 版程序支持公司规范 Syslog 功能，若现场是同型号老版本程序，应升级；若非这几种型号，则需要更换交换机。

把笔记本地址设置为 192.169.0.98，用 IE 浏览器从前网口登录交换机默认 IP 地址 192.169.0.82，用户名：admin，密码：admin，首页上的 FirmwareVersion 就是装置的程序版本，如图 11.6－18 所示。

图 11.6－18　装置的程序版本

11.6.4.2 配置

目前已经提供了 PCS-9882XD 系列各型号交换机系统配置 sys.ini 模板文件，可以稍作修改通过 FTP 传输到同型号同版本的交换机中，不再需要做以下所述的配置。

交换机配置步骤内容如下：

（1）按照之前规划的 IP 设置修改交换机的 IP 地址，如图 11.6－19 所示。

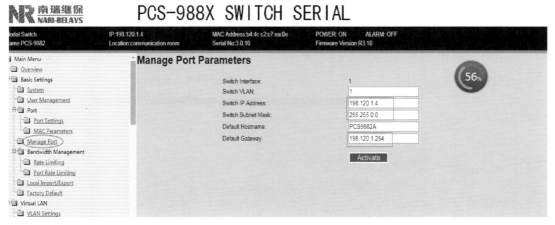

图 11.6－19　修改交换机的 IP 地址

（2）开启 SNMP 服务，并设置相关参数，如图 11.6-20 所示。

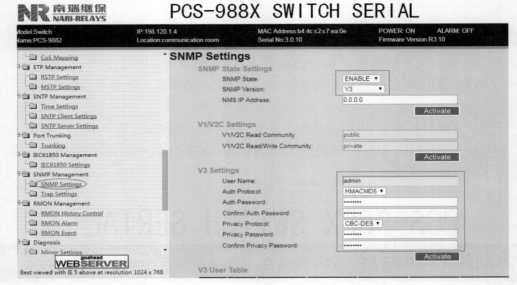

图 11.6-20 设置开启 SNMP 服务相关参数

SNMP STATE：选择 ENABLE，表示开启 SNMP 服务。

SNMP Version：选择 V3，交换机支持 V3 版本 SNMP 协议。

此处点击"Activate"确认。

以下参数，要与 PCS-9895B 管理工具里 SNMP 规约配置里设置的一样，详见"设置交换机 SNMP"内容，如图 11.6-21 所示。

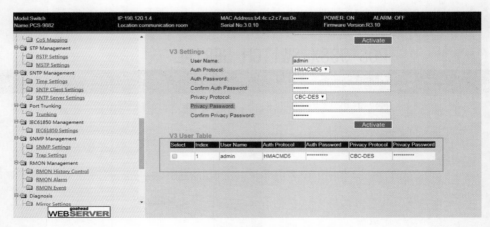

图 11.6-21 SNMP 服务相关参数

用户名（User Name）：设为 admin。

认证方式（Auth Protocol）：选择 HMACMD5。

认证密钥（Auth Password）：设为 SNMP1234。

加密方式（Privacy Protocol）：选择 CBC-DES。

加密密钥（Privacy Password）：设为 SNMP1234。

点击"Activate"后出现在 Table 下，说明添加成功。

注意：SNMP State Settings 和 V3 Settings 需要分别点击"Activate"按钮以使其生效。认证密钥、加密密钥等输入错误会导致通信通上但事件无法送给监测装置。

（3）Trap 配置如图 11.6-22 所示。

图 11.6-22　Trap 配置

IP 地址填入 PCS-9895B 的 IP 地址，其他部分和 SNMP 配置内容一样，点击"Activate"后出现在 Table 下。

（4）告警设置（Alarm Setting）如图 11.6-23 所示。

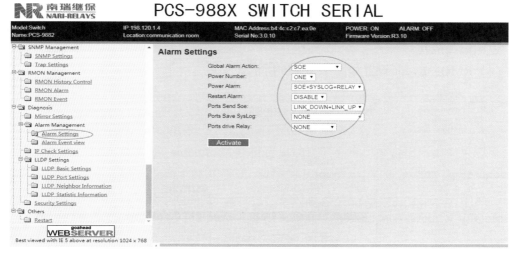

图 11.6-23　告警设置

（5）RMON Alarm 设置如图 11.6－24 所示。

目的是设置流量越限告警参数，让其触发 Trap。

只需要设置 if InOctets 属性即可，该属性表示端口（网口）流入字节数。设置 if InOctets.1～if InOctets.24（24 个网口），详细参数如图 11.6－24 所示。

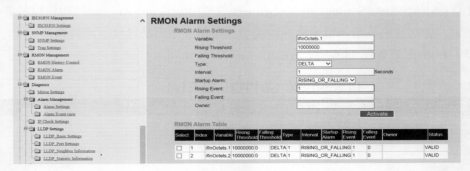

图 11.6－24　RMON Alarm 设置

Variable：表示端口的输入流量统计。

Rising Threshold：表示上限值，这里填的 12 500 000 是百兆口满流量的数值，如果限 80%的流量，这里应该填 12 500 000×80%＝10 000 000。

Falling Threshold，不填。

Type：要求选择 DELTA。

Interval：填写 1，表示以周期为 1s 来统计。

Startup Alarm：选 RISING。

Rising Event：填写 1。

Falling Event：不填。

Owner：填写 admin。

上述内容详细说明可以参考交换机说明书。设置完成后点击"Activate"后出现在 Table 下，说明添加成功。

（6）RMON Event 设置如图 11.6－25 所示。

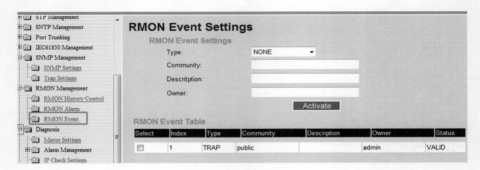

图 11.6－25　RMON Event 设置

Type：选择 Trap。

Community：填写 public。

Owner：填写 admin。

（7）设置完毕，重启交换机。

11.6.4.3 调试

国调 1084 号文规范要求的交换机事件和试验触发方法见表 11.6－4。

表 11.6－4　　　　　　　　　　　交换机事件和试验触发方法

	采集信号名	方式	测试方法（可通过 9895B 告警窗口看到信号）
1	配置变更	触发	修改交换机配置页面内 Port Security 下的 Static MAC Table Settings，成功增加或删除一条，即可触发本信号。 测试完成后，建议将这些 MAC 绑定设置删除 **Static MAC Table Settings** Static MAC Settings VLAN ID: [1 ▼] Port: [1 ▼] MAC: [_____] (ex: 00:16:d3:22:61:57)　[Activate] Static MAC Table Select / Index / VLAN ID / Port / MAC ☑ / 1 / 1 / port_1 / 00:16:d3.22.61:57
2	网口状态	周期	插拔网线，本信号周期性上送
3	网口 UP	触发	插网线
4	网口 DOWN	触发	拔网线
5	网口流量超过阈值	触发	修改交换机配置页面内 RMON Alarm 设置里的 Rising Threshold
6	登录成功	触发	使用浏览器 WEB 界面登录交换机配置页面
7	退出登录	触发	点击配置页面最下面的 "others" - "UserLogout"
8	登录失败	触发	使用浏览器 WEB 界面登录交换机，输入错误的用户名或密码
9	修改用户密码	触发	点击配置页面内 Basic Settings 下的 User Management 修改登录密码
10	用户操作信息	触发	点击配置页面内 Diagnosis 下的 Alarm Settings，进入后直接点击 Activate 按钮即可，修改别的配置（除了 MAC 绑定配置）也会报此信号
11	MAC 地址绑定关系	周期	这个告警一小时才读一次，把安全装置重启一下就能看到了，或者 killallsnmp_nms 一下，也应该能在告警窗口看到类似 1&2&3&11 这样的告警

注　所有调试工作结束后需恢复到正常配置。

11.6.5　常见问题及解决办法

（1）在 104 规约调试信息中显示 cause：closed by device，如图 11.6－26 所示。

调试信息: `pause`

	日志等级	描述
7	1	[iec104]:tcp: close (ip=10.32.5.151). cause: closed by device.
6	1	[iec014]:auth start send sucessfull
5	1	[iec104]: i_sbuf=96,i_rst=64
4	1	[iec104]:sign_len=96,i_rst=64
3	1	[iec104]:tcp connect fail, ip=32.10.20.151, port=8800
2	1	[iec104]:connect client=32.31.136.66,serv=10.32.5.151
1	1	[iec104]:tcp connect success. ip=10.32.5.151, port=8800

图 11.6-26   104 调试信息

这是由于子站生成给主站签发的 rep 文件再次生成后，没有给主站签发，子站的证书的用的新的，而主站用的签发的证书还是之前签发的，导致两侧证书不一致，子站给主站验签失败。重新把子站生成的证书（rep 文件）给主站签发一次，并让主站导入最新的证书后解决；也可以把第一次生成的子站证书密钥文件覆盖当前文件夹下边的密钥文件，重启装置。

（2）在 104 规约调试信息中显示主站证书签名结果值不一致，cause 验签失败。如图 11.6-27 所示。

报文:

	报文方向	时间	源IP	目的IP	数据
1	接收	2018-10-28 19:59:13	10.13.0.71	10.13.108.248	68 4 1 0 70 0
2	发送	2018-10-28 19:59:17	10.13.108.248	10.13.0.71	68 a0 70 0 0 94 1 3 0 0 0 0 0 0 8e 0 0 8e 3c 31 3e 20 32 30 31 38 2d 31 30 2d 32 38 20 31···
3	接收	2018-10-28 19:59:28	10.13.0.71	10.13.108.248	68 4 1 0 72 0
4	发送	2018-10-28 19:59:47	10.13.108.248	10.13.0.71	68 4 43 0 0 0
5	接收	2018-10-28 19:59:47	10.13.0.71	10.13.108.248	68 4 83 0 0 0
6	发送	2018-10-28 20:00:07	10.13.108.248	10.13.0.71	68 4 43 0 0 0
7	接收	2018-10-28 20:00:07	10.13.0.71	10.13.108.248	68 4 83 0 0 0
8	发送	2018-10-28 20:00:17	10.13.108.248	10.13.0.71	68 a0 72 0 0 0 94 1 3 0 0 0 0 0 0 8e 0 0 8e 3c 31 3e 20 32 30 31 38 2d 31 30 2d 32 38 20 31 32···
9	发送	2018-10-28 20:00:28	10.13.108.248	10.13.0.71	68 4 43 0 0 0
	接收	2018-10-28			

调试信息: `pause` `continue`

	日志等级	描述
22	1	[iec104]:confirm num=1(116/114),hptr=58,eptr=58,bptr=58
21	1	[iec104]:尚未确认帧数 num=0(116/116)
20	1	[iec104]:recv u_test_confirm
19	1	[iec104]:send u_test_active
18	1	[iec104]:未确认帧 num=1
17	1	[iec104]:hdb_api_write_up_event ok.alarm_no=65304
16	1	[iec104]:group_no=0,ip=10.13.0.71,hptr=58,eptr=57,bptr=57
15	1	[iec104]:no=65304,len=142,content=<1> 2018-10-28 12:04:31 nr.jb DCD 2018-10-28 12:10:34 后台3 198.120.0.183 南瑞继保 SVR 5 25 13 TCP 198.121.0.183 35546 198.121.1.100 8800
14	1	[iec104]:iec104_deal_slgsvr info_type=2,msg_len=1456

图 11.6-27   cause 验签失败信息

这是由于子站在主站公钥证书和通信参数里边主站证书名的导入过程中，导入的主站证书与主站的公钥证书不一致导致的，后正确导入证书后解决。

（3）在用 SecureManager 工具连接装置的时候所有的 IP 和设置没问题，但是连接不上装置，提示 The remote host closed the connection，然后点击登录右下角提示设备未连接，如图 11.6−28 所示。

图 11.6−28　设备未连接

这是监测装置里设置了白名单，解决方法是替换/home/disk/db/sqlite/PCS9895_CFG 文件，用 SSH 登录，然后 reboot 重启。

11.7　国电南瑞南京控制系统有限公司（南瑞科技）

11.7.1　主机设备 AGENT 支持情况

主机类 AGENT 支持情况见表 11.7−1。

表 11.7−1　　　　　　　　　　主机类 AGENT 支持情况

主机类型	操作系统	操作系统版本号	位数	各厂商 AGENT 支持情况
监控主机/工作站/数据服务器/综合应用服务器/保信子站	凝思	凝思 V6.0.60	64 位	南瑞科技（无）
				支持：凝思
				兼容：无
	Redhat	Redhat 5.8	32 位	南瑞科技（无）
				支持：南瑞继保、东方京海
				兼容：北京科东、南瑞信通

续表

主机类型	操作系统	操作系统版本号	位数	各厂商 AGENT 支持情况
监控主机/工作站/数据服务器/综合应用服务器/保信子站	Redhat	Redhat 5.8	64 位	南瑞科技（无）
				支持：上海思源
				兼容：东方京海
		Redhat 6.6	32 位	南瑞科技（无）
				支持：积成电子
				兼容：东方京海
			64 位	南瑞科技（无）
				支持：东方京海
				兼容：南瑞信通、东方电子、珠海鸿瑞

装置类（如数据网关机）AGENT 支持情况见表 11.7-2。

表 11.7-2   **装置类 AGENT 支持情况**

装置型号	软件版本	中国电科院测试情况	备 注
NSS201A	V3.2	正在测试	支持 Debian 5，Redhat6.6
NSC332	V8.05	正在测试	支持部署 NSC332 远动（SE7116 主板）

11.7.2 主机设备接入具体操作方法

11.7.2.1 Redhat6_64 位部署方法（NS5000、NS3000S）

（1）以 NS5000 为例，将软件包拷贝至/home/ns5000 目录（NS3000S 则在/ home/nari/ns4000 目录）下解压，进入解压目录，用 Root 用户执行安装脚本 install.sh。执行完成后在/bin 目录下检查 secm.sh 和 SecMonitor 是否具有可执行权限，如果没有，先赋予可执行权限。

（2）涉及的配置文件有 Sec.ini，白名单 whitelist，非法端口黑名单配置 Iportlist 和关键文件列表配置 Filepath，均放在/home/ns5000/sys 目录下（NS3000S 则在/ home/nari/ns4000/sys 目录）。

Sec.ini 配置对监测装置的 IP、端口和光驱存在扫描周期（单位为 s），whitelist 为网络外联白名单，可添加白名单 IP；Iportlist 配置非法端口；Filepath 关键文件路径配置，加入需要监视的文件全路径。

Sec.ini 配置：监测装置的 A 网 IP 和 port 端口（若有双网再配置 B 网 IP2），localIP 为本机 A 网 IP，以及 CDROMCheckTime 光驱扫描周期（单位为 s，根据需求配置），

PortCheckTime 端口扫描周期，sm2check 签名验签开关（默认关闭），［Setting］部分为各监测功能启用开关，启用为 1，关闭为 0。

参数设置如图 11.7-1 所示。

ConnectuonCheck：非法外链监测；

PortCheck：非法端口监测；

CDRomCheck：存在光驱检测；

UserLoginCheck：用户登录监测；

SerialPortCheck：串口监测；

NetCarkCheck：网口监测；

UserCheck：用户权限监测；

FileCheck：关键文件监测；

OpCmdCheck：操作命令监测；

EchoCheck：操作回显监测；

UsbCheck：USB 设备监测。

```
[IP_CONFIG]
IP=192.168.204.75
IP2=192.168.200.75
localIP=192.168.204.42
Port1=8800
Port2=8800
CDROMCheckTime=1000
PortCheckTime=60000
sm2check=0

[SETTING]
ConnectionCheck=1
PortCheck=1
UsbCheck=1
UserLoginCheck=1
NetCardCheck=1
UserCheck=1
FileCheck=1
SerialPortCheck=1
CDRomCheck=0
OpCmdCheck=0
EchoCheck=0
```

whitelist 白名单：正常运行时需要（除本机 IP 外）将所有装置使用的 IP、其他可见设备 IP 等加入白名单。（如有 AB 网均需配置）白名单支持同一网段批量添加，通过符号"－"连接，如图 11.7-2 所示。

图 11.7-1　参数设置

```
TCP        100.100.100.3        0
TCP        100.100.100.233-100.100.100.255 0
UDP        100.100.100.4        0
TCP6       100.100.100.58       0
UDP6       100.100.100.63       33
```

图 11.7-2　非法连接白名单

监视关键文件或目录：建议配置文件目录全路径（如/home/ns5000/sys/），以便监测目录下的所有文件变化。如果无特殊要求保持默认即可。如图 11.7-3 所示。

非法端口配置：加入监测的非法端口黑名单，支持范围配置，通过符号"－"连接。第一列为端口，第二列为端口对应的服务名，若不清楚可以填 0。如图 11.7-4 所示。

```
/home/ns5000/conf/
/home/ns5000/sys/Sec.ini
```

图 11.7-3　文件白名单

```
20          0
211         0
22          ssh
80          0
1000-2000       0
```

图 11.7-4　端口白名单

（3）开启操作命令和操作回显，需要修改环境变量，将软件包目录下的 csh.cfg 中的所有内容复制添加到/home/ns5000/.cshrc 文件末尾（.cshrc 为隐藏文件，修改前先备份该文件，NS3000S 则将 bsh.cfg 中的所有内容复制添加到/home/nari/.bashrc 文件末尾）。如果关闭功能，需要手动将添加的内容从对应文件中删除。

开启签名验签功能，将参数 sm2check 置为 1，将监测装置导出的证书拷贝入/home/ns5000/sys 目录（NS3000S 则在/home/nari/ns4000/sys 目录），证书文件名改为DevCert.cer。

（4）若需要卸载请在解压目录下 Root 用户运行卸载脚本 uninstall.sh 即可。

11.7.2.2 Redhat5、Redhat6（NS3000），NSC330 远动部署方法

支持安全信息上送的设备见表 11.7-3。

表 11.7-3 支持安全信息上送的设备

设备	类型	操作系统	支持情况
NS2000（linux）	后台	Redhat 5.6	支持
		Redhat 6.6	支持
NSC330（8 网口）	远动	Linux	支持（需更新固件至 V3.37 版，ssh2 端口号改为 30022）
NSC330（6 网口）	远动	Linux	部分支持（不支持回显）

1. 相关软件及配置

（1）程序（exe）。

jg_v8（后台机和远动机需要）；

jg_zf（后台机和远动机需要）；

jg_watchdog（仅后台无前置系统时需要）。

（2）配置（front_sys）。

jg_v8.xml；

jg_zf.xml；

jg_watchdog.sys（仅后台无前置系统时需要）；

jg_v8.xml（浙江版，去掉命令记录和操作回显）。

（3）调试脚本（exe）。

jg_assist.sh（后台使用，需在 Root 用户/users/oracle/ns2000/exe 目录下运行）；

jg_330assist.sh（远动使用，需在 Root 用户/users/oracle/ns2000/exe 目录下运行）。

（4）数据库脚本（sql_sentence）。qt.sql（数据库中增加监测软件规约）。

（5）安装。

1）将程序和调试工具放在/users/oracle/ns2000/exe 目录下。

2）配置放在/users/oracle/ns2000/front_sys 目录下。

3）数据库脚本放在/users/oracle/ns2000/sql_sentence 目录下。

4）chmod u+x jg_assist.sh 给予调试脚本可执行权限。

2. v8 操作系统环境配置

（1）准备。由于本程序需要实现对后台或远动相关操作记录和安全日志进行采集，必须对后台或远动操作系统相关配置及环境变量进行修改，为了简化操作过程，编写了配置工具 jg_assist.sh 完成相关修改和配置。jg_assist.sh 必须在 root 用户和/ users/oracle/ns2000/exe 目录下运行。

（2）操作选择。目前输入类型有 v8、v8_zhejiang、330，见表 11.7-4。

表 11.7-4   输 入 类 型

类型	说 明
v8	v8 后台配置
v8_zhejiang	v8 后台浙江要求配置（无命令记录和操作回显功能）
330	330 远动配置

（3）操作说明（后台 jg_assist.sh）见表 11.7-5。

表 11.7-5   操作说明（后台 **jg_assist.sh**）

序号	名 称	功 能
1	adject_exe_attr （/users/oracle/ns2000/exe/jg_v8）	修改监管程序属性，升级更换程序后必须执行此选项，由于 jg_v8 程序权限为 Root 用户，在 oracle 用户下 FTP 更换程序时必须先删除再复制
2	first_install	初次安装时执行，初始化所有环境变量，建立相关目录
3	build_gcshrc_script（/etc/csh.cshrc）	修改 c shell 配置文件/etc/csh.cshrc，添加命令记录脚本
4	build_gbashrc_script（/etc/bashrc）	修改 bash shell 配置文件/etc/bashrc，添加命令记录脚本
5	check_all_script	检查环境变量和相关目录是否正确，如果检查有错误，可通过执行对应功能完成设置
6	remove_gcshrc_script（/etc/csh.cshrc）	删除添加到 c shell 配置文件/etc/csh.cshrc 的脚本
7	remove_gbashrc_script（/etc/bashrc）	删除添加到 bash shell 配置文件/etc/bashrc 的脚本
8	build_sudoers_script（/etc/sudoers）	配置开机自启动环境变量
9	create_echodir（/tmp/logfile/echonewlog）	建立回显记录文件夹
10	create_cmddir（/tmp/logfile/cmdlog）	建立命令记录文件夹
11	adject_wtmp_attr（/var/log/wtmp）	修改属性为 664

序号	名　称	功　能
12	readconfig（./jg_v8.xml）	有前置时，jg_v8.xml 可以从数据库读取网络参数表，将本机定义的 IP 地址和 PORT 填入 jg_v8.xml 文件
	watchdog（/users/oracle/START）	无前置时，在 START 中添加 jg_watchdog 命令
13	encryptfile （/users/oracle/ns2000/exe/jg_v8.xml， /users/oracle/ns2000/exe/jg_zf.xml， /users/oracle/ns2000/front_sys/jg_whitelist. xml）	加密参数和白名单文件
14	exit	返回

（4）操作说明（330）见表 11.7－6。

表 11.7－6　　　　　　　　　　操　作　说　明（330）

序号	名　称	功　能
1	adject_exe_attr	修改监管程序属性，升级更换程序后必须执行此选项，由于 jg_v8 程序权限为 Root 用户，在 oracle 用户下 FTP 更换程序时必须先删除再复制
2	first_install	初次安装时执行，初始化所有环境变量，建立相关目录
3	echodir	建立/jffs2/oracle/ns2000/logfile/echolog 目录
4	profile	修改/jffs2/profile，设置回显命令别名
5	readconfig（./jg_v8.xml）	有前置时，jg_v8.xml 可以从数据库读取网络参数表，将本机定义的 IP 地址和 PORT 填入 jg_v8.xml 文件
6	exit	返回

3. v8 增加规约

（1）适用范围。如果后台版本无 jg_v8 合 jg_zf 这两个规约，必须先在数据库里面增加这两个规约。

（2）操作说明。将 qt.sql 拷贝到 sql_sentence 目录下，执行 sqlplus test/test000 @qt.sql 回车；然后进入 exe 下执行 down_load PUBLIC down_load SCADA，dbtool－dic →字典类→菜单表→找到规约类别_其他，确认 jg_v8、jg_330、jg_zf 这 3 条规约是否添加成功。

4. v8 数据库配置

（1）增加后台安全信息采集节点。

装置表如图 11.7－5 所示。

图 11.7-5　v8 装置表

逻辑设备表如图 11.7-6 所示。

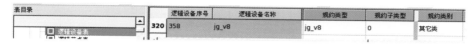

图 11.7-6　v8 逻辑设备表

网络参数表（IP 地址不用设置）如图 11.7-7 所示。

图 11.7-7　v8 网络参数表

（2）增加转发站内安全信息采集装置节点。

装置表（2018.8.2 后程序通信方式建议不要选 TCP_CLIENT，改为选其他）如图 11.7-8 所示。

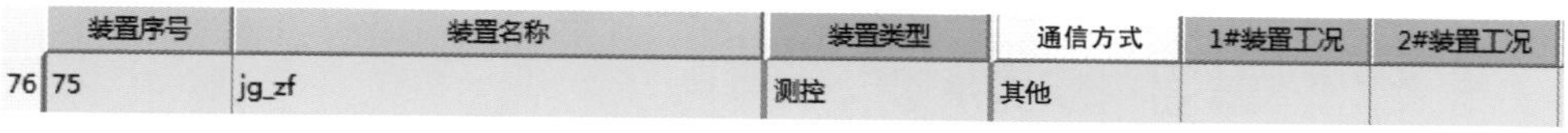

图 11.7-8　330 装置表

逻辑设备表如图 11.7-9 所示。

图 11.7-9　330 逻辑设备表

网络参数表（IP 地址配置成安全信息采集装置 IP，TCP 端口号 8800）如图 11.7-10 所示。

图 11.7-10　330 网络参数表

（3）程序运行后从前置显示看到后台信息采集报文和转发报文。

jg_v8 报文如图 11.7-11 所示。

图 11.7－11　jg_v8 报文

jg_zf 报文如图 11.7－12 所示。

| | 11:32:17 | 登陆输入信息 | U l   8C<5> 2019-06-03 11:32:1
7 MAIN1 SVR 5 12 100.100.100.4
1 100.100.100.41 2019-06-03 11
:28:00 2019-06-03 11:28:26 ORA
CLE 4 13 /USERS/ORACLE 3 PWDE6 AA |
| | 11:32:17 | 登录回显信息 | U l   J<5> 2019-06-03 11:32:1
7 MAIN1 SVR 5 13 100.100.100.4
1 100.100.100.41 2019-06-03 11
:28:00 ORACLE 4 6 PWD
8D AA |

图 11.7－12　jg_zf 报文

5. 白名单设置

（1）jg_v8.xml 中可以通过 3 种方式设置端口白名单，如图 11.7－13 所示。

```
<port desc="端口白名单">
    <option name="Program" val="ora_d000_ns200" desc="许可的程序，无论任何端口都可以"/>
    <option name="Program" val="rpc.statd" desc=""/>
    <option name="TCP6" val="0-65535" desc="允许port范围"/>
    <option name="TCP" val="2000-10000" desc="允许port范围"/>
    <option name="TCP" val="512" desc="允许port"/>
    <option name="TCP" val="2208" desc=""/>
    <option name="TCP" val="34577" desc=""/>
    <option name="TCP" val="2404" desc="104.TCP"/>
</port>
```

图 11.7－13　端口白名单

（2）IP 地址白名单如图 11.7－14 所示。

```
<ip desc="网络连接白名单">
    <option name="TCP" val="127.0.0.1" valext="0" desc="本机"/>
    <option name="TCP" val="100.100.100.233-100.100.100.255" valext="0" desc="调试笔记本"/>
</ip>
```

图 11.7－14　IP 地址白名单

（3）文件白名单如图 11.7－15 所示。

```
<file desc="网络连接白名单">
    <option name="exception" val="/users/oracle/ns2000/exe/real.dat" desc="不监视文件"/>
    <option name="exception" val="/users/oracle/ns2000/exe/exl.txt" desc="不监视文件"/>
    <option name="exception" val="/users/oracle/ns2000/exe/sqlnet.log" desc="不监视文件"/>
    <option name="exception" val="/users/oracle/ns2000/exe/mms.log" desc="不监视文件"/>
    <option name="exception" val="/users/oracle/ns2000/exe/mms.log.1" desc="不监视文件"/>
    <option name="exception" val="jg_whitelist_1.xml" desc="不监视文件"/>
    <option name="FILE" val="/users/oracle/ns2000/exe/" desc="关键文件名或目录"/>
    <option name="FILE" val="/users/oracle/ns2000/front_sys/" desc=""/>
</file>
```

图 11.7－15　文件白名单

11.7.3　网络设备支持情况

网络设备支持情况见表 11.7－7。

表 11.7－7　　　　　　　　　　网 络 设 备 支 持 情 况

交换机型号	固件版本	软件版本	SNMP 协议支持情况	备　注
EPS7100		V1.16	V2c/V3	

11.7.4　网络设备接入具体操作方法

EPS7100A1 交换机前面板调试网口为 192.168.0.2，用户名 administrator，密码 admin123。

SNMP 配置步骤如下：

（1）数据准备，内网安全监测服务器的 IP 地址；分配给交换机的 IP 地址。

（2）登录 WEB 网页，进入 SNMP 配置界面。如，应用场景是 IP 地址为 192.168.1.194 告警采集装置，要采集交换机上送的告警信息。分配给交换机的 IP 地址是 192.168.1.86。具体步骤如下：

1）确保交换机的通信管理地址与采集装置为同一个网段，交换机默认管理地址 192.168.2.254，修改为 192.168.1.86。默认网关可以设为.1。如图 11.7－16 所示。

图 11.7－16　参数设置

2）开启 SNMP 功能，使能 SNMP，根据需求选择 SNMP 的版本，本说明举例选择 V2c 版本，V2c 需要填写团体名，V3 需要填写用户名、鉴别协议、鉴别密码、加密协议和加密密码。本例使用的团体名：读团体名：public；读写团体名：private。

153

SNMP server IP 地址，如果不配置指定 IP，则网络上所有监控主机均能接收告警信息，所有同网段主机 SNMP 客户端均能连接到交换机的 SNMP 服务上；如果配置了 IP，如本例中的 192.168.1.194，则只有该 IP 的告警采集装置能收到告警信息；或该 IP 的 SNMP 客户端才能连接交换机的 SNMP 服务。如图 11.7-17 所示。

图 11.7-17　SNMP 设置

3）开启 SNMP-TRAP 功能，添加告警采集装置的 IP 地址，根据需求选择 SNMP 版本，V2c 需要填写团体名，V3 需要填写用户名、鉴别协议、鉴别密码、加密协议和加密密码，与 SNMP 中保持一致。如图 11.7-18 所示。

图 11.7-18　SNMP-TRAP 设置

完成上述步骤后，端口 UP/DOWN，用户的登录、登出、密码修改、MAC 地址绑定、配置修改等操作的 Trap 告警信息，可以上送到采集装置。

（3）流量超限告警配置，需要使用的 RMON 功能，该功能对应流量的超限告警节点。RMON 配置步骤如下：

1）登录 WEB 网页，进入 RMON 事件组配置界面，按图 11.7-19 所示配置（描述 Description 可以不填），然后单击添加。

图 11.7-19　RMON 事件组设置

2）进入 RMON 告警组配置界面，参考图 11.7-20 进行配置。

RMON告警组设置

Index	Interval	Variable	Type	Start Up	Rising Threshold	Falling Threshold	Rising Event	Falling Event	Owner	Status	设置
1	20	1.3.6.1.2.1.2.2.1.10.1	Delt	Both	500	500	1	1	user	valid	添加

图 11.7-20　RMON 告警组设置

图中红圈部分需要注意：

1）Variable。需要被监测的流量 oid 号，如图中红色大框 1.3.6.1.2.1.2.2.1.10 表示 ifInOctets（端口的输入字节数），小圈.1 表示端口 1，合起来 1.3.6.1.2.1.2.2.1.10.1 表示监视端口 1 的输入字节数。

常用的被检测流量 oid 号包括：

1.3.6.1.2.1.2.2.1.10　ifInOctets（端口的输入字节数）；

1.3.6.1.2.1.2.2.1.16　ifOutOctets（端口的输出字节数）。

举例：1.3.6.1.2.1.2.2.1.16.9 表示监视端口 9 的输出字节数。

2）Rising Threshold。上限告警阈值，该值表示当 Variable/Interval 超过 Rising Threshold 后触发告警。图 11.7-20 中表示，若 20s 内端口 1 的输入字节数大于 500，则进行告警。

3）Falling Threshold。下限告警阈值，与 Rising Threshold 类似，该值表示当 Variable/Interval 低于 Falling Threshold 后触发告警，图 11.7-20 中表示，若 20s 内端口 1 的输入字节数低于 500，则进行告警。

Rising Threshold 和 Falling Threshold 的具体值请根据实际需要进行配置，此处只是举例说明。需要注意的是，Interval 表示监视的时间间隔（单位为 s），由于交换机资源有限，无法频繁获取端口流量，Interval 的值不要设置的过小，不要低于 10。

11.7.5　常见问题及解决办法

（1）调试中发现主机和监测装置通信。

查看进程是否启动：pp Secmonitor。

启动：bin 目录下./secmonitor.sh 启动程序，若有事件产生，终端中都会打印。

杀进程：sudo pkill SecMonitor 停止监视程序；若杀不掉，可通过 pp SecMonitor 获取 SecMonitor 进程号，用 sudo kill-9+进程号杀死进程。

（2）遇到 jg_v8 进程不刷报文的情况。

打开终端手启进程报 etc 目录下 issue 文件缺失，重新找了一个 issue 文件放入对应路径。

（3）主站遇到频繁报光驱问题。

一般 Windows XP 后台，站内做网络安全监测时，主站会遇到频繁报光驱问题，进入计算机管理，将设备管理器中 DVD 选项下的目录停用。

（4）Termainl Sensor Daemon 服务正常启动后又立即停止。

可能原因，没有证书文件或证书文件有误。需重新导入正确的证书文件。

（5）Windows XP 系统 Ping 地址时总显示 destination host unreachable。

进入控制面板，管理工具，在服务中找到 IPSec 服务，禁用，再重启。

11.8 积成电子股份有限公司（积成电子）

11.8.1 主机设备 AGENT 支持情况

主机类 AGENT 支持情况见表 11.8-1。

表 11.8-1 主机类 AGENT 支持情况

主机类型	操作系统	操作系统版本号	位数	各厂商 AGENT 支持情况
监控主机	Windows	Windows XP	32 位	积成电子（无）
				适配：无
				支持：北京科东、南瑞信通、东方电子、东方京海
				兼容：无
			64 位	积成电子（无）
				适配：无
				支持：无
				兼容：南瑞信通
		Windows 7	32 位	积成电子（无）
				适配：无
				支持：无
				兼容：南瑞信通
			64 位	积成电子（无）
				适配：无
				支持：北京科东、南瑞信通、东方电子、东方京海
				兼容：无

续表

主机类型	操作系统	操作系统版本号	位数	各厂商 AGENT 支持情况
监控主机	Windows	Windows 10	32 位	积成电子（无）
				适配：无
				支持：无
				兼容：东方电子
			64 位	积成电子（无）
				适配：无
				支持：东方电子
				兼容：无
	UNIX	HP – UNIX	32 位	积成电子（无）
				支持：无
				兼容：无
			64 位	积成电子（无）
				支持：无
				兼容：无
监控主机/操作员工作站/图形网关机/数据服务器/综合应用服务器/保信子站	Kylin	Kylin 3.0	64 位	积成电子（适配）
				支持：麒麟
				兼容：无
	Redhat	Redhat 6.5	32 位	积成电子（无）
				支持：许继电气
				兼容：上海思源、东方京海
			64 位	积成电子（适配）
				支持：南瑞继保、东方电子、东方京海
				兼容：北京科东、南瑞信通、珠海鸿瑞

装置类（如数据网关机）AGENT 支持情况见表 11.8－2。

表 11.8－2 装置类 AGENT 支持情况

装置型号	软件版本	中国电科院测试情况	备　注
SL200B 数据通信网关机	RedHat6.6	已通过	
SL－200B－S1	RedHat6.6	已通过	
SL－200B－S2	RedHat6.6	已通过	

11.8.2 主机设备接入具体操作方法

1. 说明

适用操作系统范围：RedHat6.5 和 KyLin3.0。

最新的后台程序版本 SL330A（V1.3.31）：无须更换后台程序，仅需添加环境变量和 iesmgr 守护进程配置。

版本 V1.3.31 以下不带安全信息监测软件的：将最新发布版的后台监控主机程序 SL330A.tar.gz 解压，从 bin 目录中将可执行程序 smamonitor、smaserver 以及动态链接库文件拷贝到正在运行的后台软件 SL330A 的 bin 目录下。

版本低于 1.3.31：需先升级后台程序，再进行安全代理软件部署。

2. 安装部署

（1）将 smamonitor、smaserver、libsmaproxy 前缀的四个动态链接库文件拷贝到监控主机的/usr/SL330A/bin 目录下（注意：如果现场使用的是 V1.3.31 及之上的版本，此步骤可略过）。

（2）将 libsoftsm.so 文件拷贝到/usr/SL330A/bin 目录下。如果目标文件已存在，则可略过。

（3）新建/var/smalog 文件夹，并运行命令加满权限：chmod−R　777/var/smalog（注意：是根目录下 var 下新建文件夹 smalog）。

（4）将监控主机/usr/SL330A/ini 目录下的 sma_bashrc.bak 文件中的内容加入/etc/bashrc 文件末尾（最好将原来的/etc/bashrc 备份一下），然后运行命令：source/etc/bashrc，使环境变量生效。

3. 自启动和进程守护配置

若现场需要监测软件的开机自启动功能和进程守护功能，需要配置如下：

（1）将 istart，ieskill 脚本拷贝到/usr/bin 下，两个均加上可执行权限：

#chmod＋x/usr/bin/istart

#chmod＋x/usr/bin/ieskill

（2）在/sbin/目录下创建脚本 iesstart 直接将 iesstart 脚本拷贝到目录/sbin 下，并且加上可执行权限。

#chmod＋x/sbin/iesstart（使得 iesstart 具有可执行权限）

（3）建立软连接。

#ln −s/sbin/iesstart/etc/rc5.d/S99xiesstart

注意：此处 S99xiesstart，S 为大写，创建自启动脚本链接，一定要做，S99xiesstart 的 x 一定也要写上。

（4）手动测试脚本是否正确。

#./sbin/iesstart start（测试脚本的启动功能）

注意后面有空格，要加空格。

（5）配置 ini 文件。

（6）在$SL330ADIR/ini/mgr.ini 中，配置 smaserver 自启动，如图 11.8－1 所示。

图 11.8－1 配置 smaserver 自启动

4. 测试说明

（1）登录成功/登录退出。

1）本地登录/退出。对于红帽系统，运行监测软件后，使用系统—切换用户实现登录/退出操作。对应麒麟系统，在 xmanager 上运行监测软件程序，然后模拟本机登录/退出操作。用 xmanager 登录麒麟系统，在 xmanager 上运行监测软件程序，点击麒麟系统开始菜单—注销，模拟登录/退出操作。

2）SSH 登录/退出。使用 SSH 登录/退出软件（例如 putty）模拟 SSH 登录/退出。

3）x11 登录/退出系统。使用 xmanager 实现 x11 登录/退出。

4）如果登录/退出成功，产生报文上送Ⅱ型装置。

（2）登录失败。

1）本地登录失败。对于红帽系统，运行监测软件后，使用系统—切换用户实现登录失败操作。对应麒麟系统，在 xmanager 上运行监测软件程序，然后模拟本机登录失败操作。

2）SSH 登录失败。使用 SSH 登录软件（putty）模拟 SSH 登录失败。

3）x11 退出系统。使用 xmanager 实现 x11 登录失败。

4）如果登录失败，产生报文上送Ⅱ型装置。

（3）操作命令/操作回显/U 盘插拔，终端直接输入命令进行操作产生对应信息。

（4）串口占用/释放，使用串口调试工具 LinCom 或者 minicom，选择对应串口进行打开，即可产生串口信息。

（5）主机/服务器无并口硬件，不能测试并口信息。

（6）光盘挂载/光盘卸载，将光盘放入光驱，即可产生光盘挂载信息；将光盘弹出，即可产生光盘卸载信息。

（7）非法外联信息，白名单之外的 IP 使用 socket 工具模拟连接主机即可产生非法外联信息。

外联地址白名单配置格式：TCP，192.168.1.1，0 【协议名，IP 地址，端口号】。

工程应用中，使用 netstat –anp | grep "ESTABLISHED" 命令查看，需将查出的 IP 地址配置到白名单中。配置如图 11.8-2 所示。

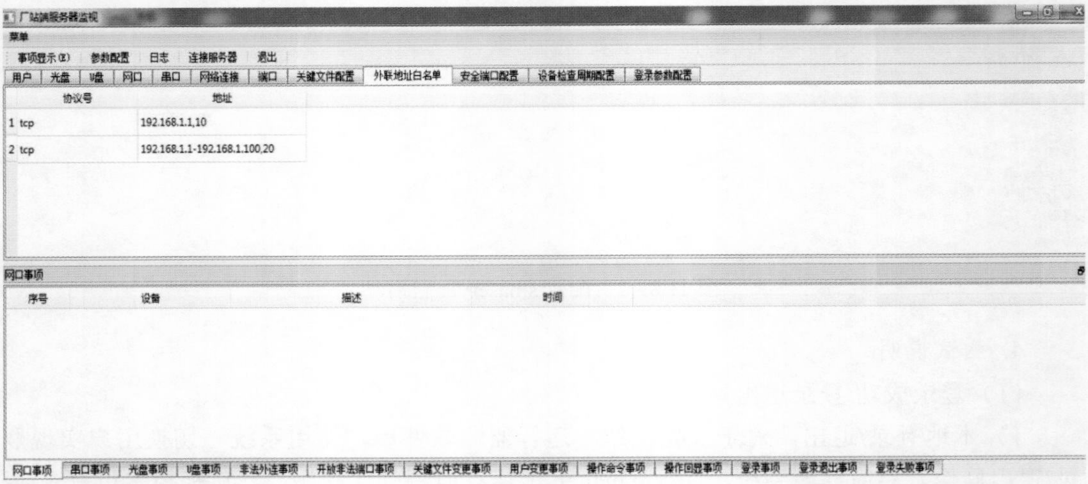

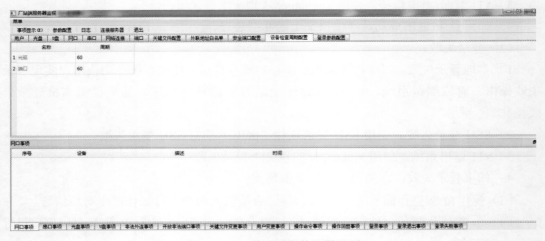

图 11.8-2　IP 地址配置到白名单界面

（8）存在光驱设备信息为主动上送，默认周期为 60s，配置文件可修改周期，配置如图 11.8-3 所示。

图 11.8-3　修改周期的配置界面

（9）开放非法端口，首先运行#service　sshd　stop 命令，然后再运行#service　sshd　start 命令，开放端口 22，如果这个端口不在安全端口白名单之内，则产生端口的告警信息。

安全端口配置格式：22，sshd 【端口号，服务名】。

工程应用中，使用 netstat –nltp 命令查看，需将查出的端口（包括非一体化五防端口）配置到白名单中。如图 11.8－4 所示。

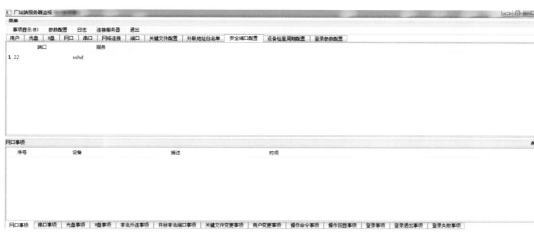

图 11.8－4　端口配置到白名单界面

（10）网口 UP/网口 DOWN，将主机的网口与设备连接或断开即可产生对应信息。

（11）关键文件/目录变更，在配置界面中配置关键目录，如/usr/tmp/，在该路径下添加、修改、删除文件即可产生对应的信息。配置如图 11.8－5 所示。

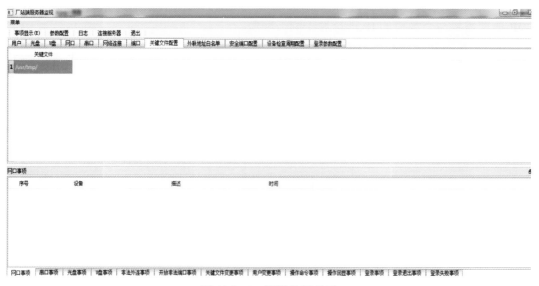

图 11.8－5　配置关键目录

（12）用户权限变更，操作示例如下（以 Root 用户执行）：

useradd test//此步骤会产生新增用户信息；

passwd test//填入密码后，会产生密码修改信息；

usermod－g root test//此步骤会产生用户组修改信息;

userdel test//此步骤会产生用户删除信息。

11.8.3 网络设备支持情况

网络设备支持情况见表 11.8－3。

表 11.8－3 网 络 设 备 支 持 情 况

交换机型号	固件版本	bootrom 版本	SNMP 协议支持情况	备 注
S2026－E24－H021－D22－I	V3.0/V3.1/V4.0	V4.0.6		
S2026－E24－H021－D22－I－A	V3.0/V3.1/V4.0	V4.0.6		
S2026－E24－K020－D22－I－A	V3.0/V3.1/V4.0	V4.0.6		
S2026－E24－K021－D22－I－A	V3.0/V3.1/V4.0	V4.0.6		

11.8.4 网络设备接入具体操作方法

1. 升级所需工具

（1）S2026 型号交换机、电脑、网线、交换机串口配置线、USB 转串口。

（2）电脑连接交换机任何一个不用的网口，交换机的默认 IP 为 192.168.0.100，PC 的 IP 地址需要与交换机的 IP 地址属于同一网段。

（3）如果不知道交换机 IP，连接交换机串口配置线，输入 cli 命令 IP config 查询。

2. 升级过程

（1）利用电脑 Ping 交换机的 IP 地址，确保能够 Ping 通。

（2）浏览器输入交换机 IP 地址，默认为 192.168.0.100，出现登录对话框如图 11.8－6 所示，输入默认用户名为 admin，初始密码为 123456q！@，验证码，点击"登录系统"按钮。

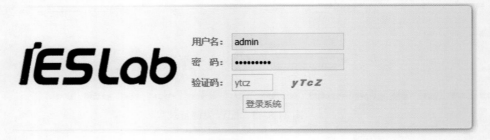

图 11.8－6 登录对话框

（3）此时成功登录到交换机页面，左边是配置导航树，如图 11.8－7 所示。

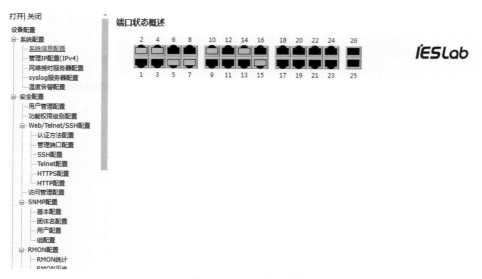

图 11.8-7 交换机页面

（4）点击"设备维护"→"升级软件"，进入软件升级页面，如图 11.8-8 所示，点击"浏览"按钮，选择文件，然后点击"上传"按钮，交换机将进行软件升级。

图 11.8-8 软件升级页面

（5）选择需要升级的软件"IESlab-base105-B01.03-V01.00.07-2400A"，点击"上传"按钮，交换机开始升级软件，升级过程需要 2～3min。如图 11.8-9 所示。

图 11.8-9 升级过程页面

（6）升级完成会自动进入登录界面，重新输入用户名、验证码、密码登录。点击"设备维护"→"版本切换"，页面如图11.8－10所示。

图11.8－10　升级完成界面

3. Console口使用说明

（1）串口配置（笔记本电脑通常不带串口，需要使用USB转串口）。鼠标放在"我的电脑"，右键选择"管理"，打开"设备管理"，查看电脑的串口或USB转串口的端口号。如图11.8－11所示。

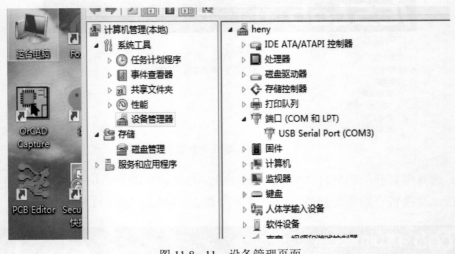

图11.8－11　设备管理页面

（2）安装SecureCRT。打开SecureCRT，新建连接，选择protocol为serial，port为com3，Baud rate为115 200，Data bits为8，Parity为None，Stop bits为1，点击connect，如图11.8－12所示。

（3）蓝色串口配置线232一端接电脑串口或USB转串口，RJ45一端接交换机Console口，如图11.8－13所示。

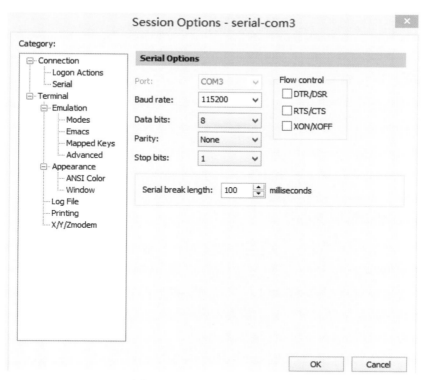

图 11.8 - 12　安装 SecureCRT

图 11.8 - 13　蓝色串口配置线 232 连接图

用户名为 admin，密码为 1234567q 或 123456q！@，登录成功界面如图 11.8 - 14 所示。

```
Platform: VCore-III (MIPS32 24KEc) LUTON26
RAM: 0x80000000-0x88000000 [0x80021de8-0x87fb1000 available]
FLASH: 0x40000000-0x40ffffff, 64 x 0x40000 blocks
== Executing boot script in 3.000 seconds - enter ^C to abort
RedBoot> fis load -d managed
Image loaded from 0x80040000-0x8084638c
RedBoot> go
OK

Username: admin
Password:
Login in progress...
Welcome to IESlab Command Line Interface (v1.0).
Type 'help' or '?' to get help.

Switch:/>
```

图 11.8-14　登录成功界面

11.8.5　常见问题及解决办法

（1）上送安全管理平台的信息解析出现乱码。被监测装置真实事件发生后，安全管理平台收不到事件信息。

首先查看安全监测装置收到和上送的信息解析是否正确，判断问题是由网络安全监测装置导致还是被监测装置导致，然后通过网络安全监测装置抓取网络报文，分析报文内容格式是否符合规范。

（2）在运站个别旧设备不具备安全监测接入能力。

进行换代升级，采购具有相同功能且具备安全接入能力的设备进行替代。不具备安全接入能力又无法替换的设备只能暂缓接入，另行设计部署接入方案。

（3）个别被监测装置通信时断时通。

首先分别检查被监测装置和网络安全监测装置的 IP、端口等参数配置是否正确，然后检查站内物理通信网络是否正常，是否存在 A/B 网串联。网络安全监测装置一般为单网运行，确认是否存在 IP 冲突，确认同一台被监测装置上 AGENT 服务只启动一个。

（4）网络安全管理平台收到的事件信息异常。

首先查看网络安全监测装置日志，确认网络安全监测装置上收到的信息是否正确；然后确定是否有真实事件产生，确认接入设备参数配置是否正确。

（5）网络安全管理平台收到的非法外联事件的 IP 为合法的，不应该报出该安全事件。

首先检查白名单的配置是否正确，检查软总线和二次设备的需要进行外联的 IP 是否已经全部配入白名单。如没有，则手动将 IP 地址添加至白名单表即可。

（6）已经部署了 AGENT 的服务器开机后，AGENT 程序无法启动。

首先查看 AGENT 的部署是否正确、自启动配置是否正确；然后检查/usr/SL330A/bin目录是否存在监测软件的可执行程序和依赖库，然后检查启动程序的用户是否具备权限，通常 Root 用户是启动程序的最佳用户。

（7）使用配置工具 smamonitor 配置了非法外联白名单后没有生效。

检查配置的非法外联白名单、非法端口等参数格式是否正确，不正确的格式会导致配置不生效。

（8）网络安全监测装置使用时报出时间戳问题。

检查网络安全监测装置和被监测装置时钟时间是否一致，当二者时间差大于 30s 时，会导致服务代理功能时间戳验证失败，此时应该修改时间保证两者的时间差。

（9）在网络安全监测装置上可以收到事件信息，但是网络安全管理平台无法收到该事件。

网络安全监测装置收到被监测设备的事件信息，但不上送调度主站，由集成单位检查接入被监测设备资产的配置信息是否正确。

（10）网络安全监测装置收不到主机事件信息。

首先检查 AGENT 对接的网络安全监测装置的配置是否正确，然后确认网络是否正常，如果还是不行则需确认 AGENT 是否正常运行。

（11）监控系统应用需要使用的端口不固定，只有一个端口范围。

AGENT 新增功能，非法端口白名单的配置可以设置端口范围。

（12）网络安全管理平台和网络安全监测装置有网卡禁用/启用的控制功能，可以控制被测主机的网卡，但是很有可能会将监控主机/数据通信网关机的网卡禁用，从而系统无法正常运行。

增加网卡禁用的 log 日志，保证问题查找有依有据。

（13）网络安全管理平台和网络安全监测装置上均采集不到被监测交换机的安全事件。

查看被测交换机的型号，积成电子提供的交换机型号是 S2026−E24−H021−D22−I、S2026−E24−H021−D22−I−A、S2026−E24−K020−D22−I−A、S2026−E24−K021−D22−I−A，若为上述交换机，需进行软件升级后支持网络安全监测部署，若不是需要更换相应型号的交换机。

（14）光盘挂载卸载事件无法报出。

有些操作系统不支持光盘插入自动挂载，需要使用手动挂载，输入 mount/unmount 命令手动挂载卸载光盘。

（15）运行 AGENT 配置工具提示没有权限。不升级后台监控系统的前提下配置 AGENT，结果发现运行 smaserver 及 smamonitor 命令时，系统提示没有权限。

后台监控系统不升级而要配置 AGENT，首先必须要将已经编译好的可执行程序 smamonitor、smaserver 拷贝到/usr/SL330A/bin 目录下。运行这两个可执行程序出现问题，那么很可能与拷贝的 smamonitor 和 smaserver 的文件权限有关。

使用 WinSCP 工具将两个可执行程序的 tar 压缩包重新传输至后台监控主机的

/usr/SL330A/bin 目录下，然后在 Linux 系统下进行解压操作，然后运行以下命令增加可执行权限：

chmod+x smamonitor

chmod+x smaserver

特别注意，两个可执行程序的 tar 压缩包一定不能在 Windows 系统解压之后再进行上传至后台 Linux 监控主机。

（16）从网络安全管理平台上下发基线校核命令，没有收到返回结果，基线校核命令下发失败。

首先确认被监测后台主机/usr/SL330A/bin 目录下是否存在基线校核脚本；然后在网络安全监测装置上抓包，查看是否收到返回报文，返回的报文的格式是否正确。

（17）主机类设备 AGENT 部署。原则上由各自监控厂家提供 AGENT 探针软件并部署，但是保信、五防、故障录波的厂家起步较晚，还未开发出来。同时一些老旧的设备无法安装 AGENT 探针软件。

以各自自主开发的 AGENT 软件为第一方案，其次选用网络安全监测装置的开发的软件。但一台主机只能安装一家的软件，不能重复安装。对于无法安装的老旧设备，暂缓接入，等待下次改造。

（18）主机（通信管理机）无法部署 AGENT。

现场部分设备采用 VXwoks 等嵌入式系统或设备操作系统已被裁剪，不具备接入条件。此类设备暂缓接入，等待下次设备改造。

（19）防火墙不支持标准格式规范的协议。防火墙发出的日志格式不符合规范要求，难以进行接入。

首先协调防火墙厂家进行软件升级以满足要求，其次由防火墙厂家提供 Syslog 的格式转换库，安全监测厂家集成到装置内。

（20）因现场不必要的业务、监测对象网络白名单设置不合理、现场工程调试等原因，造成大量的告警信息上传平台。

关闭不需要的业务，装置网络白名单按照变电站内 IP 地址网段设置，接入平台前先进行本地消缺在进行接入（尤其是新站可在全站调试验收后再正式接入）。

11.9　东方电子股份有限公司（东方电子）

11.9.1　主机设备 AGENT 支持情况

主机类 AGENT 支持情况见表 11.9-1。

表 11.9－1　　　　　　　　　　　**主机类 AGENT 支持情况**

主机类型	操作系统	操作系统版本号	位数	各厂商 AGENT 支持情况
监控主机/工作站/数据服务器/综合应用服务器/图形网关机/保信子站等	Windows	Windows XP	32 位	东方电子（适配）
				适配：无
				支持：北京科东、南瑞信通、东方京海
				兼容：无
			64 位	东方电子（无）
				适配：无
				支持：无
				兼容：南瑞信通
		Windows 7	32 位	东方电子（无）
				适配：无
				支持：无
				兼容：南瑞信通
			64 位	东方电子（适配）
				适配：无
				支持：北京科东、南瑞信通、东方京海
				兼容：无
	Windows	Windows 10	32 位	东方电子（适配）
				适配：无
				支持：无
				兼容：无
			64 位	东方电子（适配）
				适配：无
				支持：无
				兼容：无
		Windows 2003	64 位	东方电子（适配）（未测试）
		Windows 2008	64 位	东方电子（适配）（未测试）
	Redhat	Redhat 5.1－5.9	32 位	东方电子（适配）（未测试）
		Redhat 6.0	64 位	东方电子（适配）
				支持：无
				兼容：南瑞信通、南瑞继保

续表

主机类型	操作系统	操作系统版本号	位数	各厂商 AGENT 支持情况
监控主机/工作站/数据服务器/综合应用服务器/图形网关机/保信子站等	Redhat	Redhat 6.1	32 位	东方电子（无）
				支持：无
				兼容：东方京海
			64 位	东方电子（适配）
				支持：无
				兼容：南瑞信通、南瑞继保
		Redhat 6.2	32 位	东方电子（无）
				支持：无
				兼容：东方京海
			64 位	东方电子（适配）
				支持：无
				兼容：南瑞信通、南瑞继保
		Redhat 6.3	32 位	东方电子（无）
				支持：无
				兼容：上海思源、东方京海
			64 位	东方电子（适配）
				支持：珠海鸿瑞
				兼容：南瑞信通、南瑞继保
		Redhat 6.4	32 位	东方电子（无）
				支持：无
				兼容：北京四方、上海思源
			64 位	东方电子（适配）
				支持：北京科东
				兼容：南瑞信通、南瑞继保、珠海鸿瑞
		Redhat 6.5	32 位	东方电子（无）
				支持：许继电气
				兼容：上海思源、东方京海
			64 位	东方电子（适配）
				支持：南瑞继保、东方京海、积成电子
				兼容：北京科东、南瑞信通、珠海鸿瑞

续表

主机类型	操作系统	操作系统版本号	位数	各厂商 AGENT 支持情况
监控主机/工作站/数据服务器/综合应用服务器/图形网关机/保信子站等	Redhat	Redhat 6.6	32 位	东方电子（无）
				支持：积成电子
				兼容：上海思源、东方京海
			64 位	东方电子（适配）
				支持：东方京海
				兼容：南瑞信通、珠海鸿瑞
		Redhat 6.7	32 位	东方电子（无）
				支持：无
				兼容：东方京海
			64 位	东方电子（适配）
				支持：无
				兼容：南瑞信通、珠海鸿瑞
		Redhat 6.8	32 位	东方电子（适配）
				支持：无
				兼容：上海思源、东方京海
			64 位	东方电子（无）
				支持：上海思源
				兼容：东方京海
		Redhat 7.0	64 位	东方电子（适配）（未测试）

装置类（如数据网关机）AGENT 支持情况见表 11.9-2。

表 11.9-2 装置类 AGENT 支持情况

装置型号	软件版本	中国电科院测试情况	备　注
DF3610	vxworks	不支持	
DF1710	vxworks	不支持	
DF1910	vxworks	不支持	
DF1910E	Debian5	支持（已测试）	
E3111	Debian5	支持（已测试）	
DF-1910-S1	Debian5/8	支持（已测试）	
DF-1910-S2	Debian5/8	支持（已测试）	

其他方面 AGENT 支持情况见表 11.9−3。

表 11.9−3 其他方面 AGENT 支持情况

主机类型	操作系统	操作系统版本	位数	AGENT 支持情况	备注说明
故障录波/保信子站等	Ubuntu	Ubuntu11.04	32 位	东方电子支持	未测试
		Ubuntu11.04	64 位	东方电子支持	未测试
		Ubuntu14.04	64 位	东方电子支持	未测试
	CentOS6	CentOS6	64 位	东方电子支持	未测试

11.9.2　主机设备接入具体操作方法

11.9.2.1　DF8003C 操作系统 AGENT 安全监测软件使用说明（Linux）

适用范围：该探针软件支持 Linux Redhat6.0−6.8 64 位操作系统。

该探针软件是基于东方电子的后台监控系统研发的，程序的安装目录为/usr/users/df8003c 或者/usr/users/df1900 等，因此以下 RUNHOME 均指的是程序运行目录如/usr/users/df8003c 或者/usr/users/df1900 等。

（1）每个用户.bashrc 下增加文件 bashrc_add 文件的内容，Root 用户还需要增加bashrc_root_add 文件的内容（需要修改 RUNHOME 路径），增加方式可以用 vi 编辑器打开增加，vi 若不熟悉的人员，也可以用 cat 追加命令，cat 方法如下：

1）将 bashrc_add 文件拷贝到每个用户的主文件夹下，其中 Root 主文件夹是/root，其他用户一般是/usr/users/oracle 和/usr/users/df8003c。

2）先备份主文件夹下的.bashrc 文件，之后分别在每个用户主文件夹下执行 cat bashrc_add≫.bashrc 命令，注意只能执行一次，执行多次就会将文件内容增加多次，执行完毕后可以用 vi 或者 cat 命令查看.bashrc 文件是否增加成功。

3）root 用户下还需要拷贝 bashrc_root_add 到主文件夹下，同时修改里面RUNHOME＝/usr/users/df8003c 的路径，该路径根据现场系统路径修改，之后在用户主文件夹下执行 cat bashrc_root_add≫.bashrc，同样执行完毕后查看下是否执行成功。

4）增加成功后可以在每个用户主文件夹下执行 source.bashrc 使配置生效，或者注销重新登录配置同样生效。

（2）拷贝执行程序和配置文件。

1）在 Root 用户下拷贝 RUNHOME 目录下的三个文件夹内容到系统的RUNHOME 目录。

2）切换到系统监控应用的目录下，用 gethostid 获取主机 ID，发给设备厂商，获得

license，将 license 文件放到 runhome/safemon 目录下面。

3）进入 RUNHOME/safemon 目录下，手动执行./safemon，看一下程序运行是否正常，有没有退出，如果执行后未提示一些动态库找不到，没有 core，以及没有回到提示符表示程序运行正常，调试期间可以手动起程序，查看输出信息，调试结束后再配置下面开机自启和定时启。

（3）配置开机自启。

1）safemonsrv 文件里面路径根据 RUNHOME 路径实际修改好。

2）在 Root 用户下将 safemonsrv 脚本拷贝到/etc/rc.d/init.d 目录下，并赋予执行权限 chmod＋x safmonsrv，并执行/sbin/chkconfig－－add safemonsrv、chkconfig－－list 查看是否添加成功。如果添加成功，重启机器后使用 ps－ef |－grepsafemon 查看进程是否启动。

（4）配置定时启动。实现原理是，由定时任务 crontab 调用脚本，脚本用 ps 检查进程是否存在，如果不存在则重启并写入日志。

1）crontab 修改。Root 用户下执行 crontab－e　加上一行：

*/1 * * * */usr/users/df8003c/ini/safesrvtimed.sh

其中路径名根据实际路径修改，意思是每分钟调用一下脚本 safesrvtimed.sh。

2）拷贝 safesrvtimed.sh 到 RUNHOME/ini/，safesrvtimed.sh 里面路径根据实际修改。

3）可以用 ps－ef|grep safemon 查看进程号，利用 kill－9 进程号杀掉后，看 1min 是否能启动进程。

（5）safemonini 内配置文件说明。

1）checklinux.sh 基线核查执行脚本。打开该文件，RUNHOME＝/usr/users/df8003c，根据实际情况修改。可以手动先执行 sh checklinux.sh 查看是否正常，如图 11.9－1 所示。

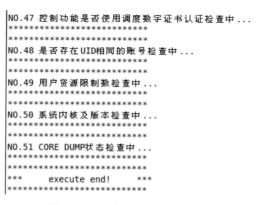

图 11.9－1　基线核查执行脚本

执行到 execute end 表示运行正常，同时在 safemon 目录下会生成 Out.txt 文件。

2）safemon.ini。

［CONNECTINFO］中设置安全监测装置的地址，如果只有一台机器填写 IPA，IPB 空白。如果两台监测装置并行接受信息，填写 IPA 和 IPB。Port 填写装置端口号（一般是 8800）。PingFlag 表示是否定时 Ping 装置，Ping 不通重新连接，对于珠海鸿瑞等不让 ping 的装置填写 0，东方电子可以 Ping 的装置填写 1。

［HOSTINFO］填写本机 A 网和 B 网的 IP 地址。

［PARAVIEW］中 DriverPeriod=40 光驱占用上送周期（单位为 s）：表示光驱内有光盘时，周期上送该事件。PortPeriod=40 端口上送周期（单位为 s）：表示当本机开放了不在 ServiceList.ini 服务白名单的端口号，周期上送。LoginErrorCnt=3 配置用户登录失败次数告警，一般为输错密码三次上送。

［TestUsing］TestFlag 表示是否采用测试模式，默认是 0，电科院测试为 1。MD5VALUE 值使用 MD5 工具计算 safemonini/safemon 执行文件 MD5 的值填写（此处为公司测试用）。

3）keyfile.ini 监控的关键文件目录。将需要监测文件的目录填写到该文件中，填写到该文件中的目录中的文件变动时（包括修改、删除、新增、修改权限），会产生事项。

4）NetworkList.ini 网络连接白名单。用 netstat－nap|grep ESTABLISHED |awk '{print $1，$4，$5}'命令将显示的正常业务通信用的 IP 和端口号填写到网络连接白名单中，未填写的接入后将会报警。如，列出的连接如下时：

tcp 192.168.112.128：22 192.168.112.1：50323

因为客户端端口号是变化的，这里填写连接的服务端的 IP，填写格式为 TCP，192.168.112.128，22。

5）ServiceList.ini 服务白名单。分别用命令 netstat－ntpl|awk '{print $1，$4，$7}'和 netstat－nupl|awk '{print $1，$4，$6}'将显示的信任的服务端口（：后面是端口号）填写到服务白名单中，如果有重复，填写一个即可。如图 11.9－2 和图 11.9－3 所示。

```
root@wangsrv: ~#netstat -ntpl| awk '{print $1,$4,$7}'
Active (only
Proto Local Address
tcp 0.0.0.0:111 1815/rpcbind
tcp 0.0.0.0:22 46890/sshd
tcp 127.0.0.1:631 2029/cupsd
tcp 127.0.0.1:25 2352/master
tcp 0.0.0.0:44582 1961/rpc. statd
tcp :111 1815/rpcbind
tcp :::22 46890/sshd
tcp ::1:631 2029/cupsd
tcp ::1:25 2352/master
tcp :::59995 1961/rpc. statd
```

图 11.9－2　信任的 TCP 服务端口

```
root@wangsrv: ~#netstat -nupl| awk '{print $1,$4,$6}'
Active (only
Proto Local Foreign
udp 0.0.0.0:111 1815/rpcbind
udp 0.0.0.0:631 2029/cupsd
udp 0.0.0.0:49069 1961/rpc.statd
udp 0.0.0.0:718 1815/rpcbind
udp 0.0.0.0:865 1961/rpc.statd
udp :::111 1815/rpcbind
udp :::52804 1961/rpc.statd
udp :::718 1815/rpcbind
root@wangsrv: ~#
```

图 11.9−3　信任的 UDP 服务端口

6）device.cer 验签证书。若验签证书变化，则需要更改该文件。

（6）常见问题。

1）在.bashrc 下面增加了内容后，root 用户启动 safemon 程序后会在/tmp/script_tmp 目录下面生成 script.cmd　script.hisscript.time 文件，需要把目录权限改为 777，否则进去 oracle，和 df1900 用户下，启动终端会闪退。

执行 chmod−R 777 script_tmp。

2）凡是部署安全监测软件的程序要关掉 sysmon 和一些不断刷新变化的程序终端，否则回显信息一直上送。

11.9.2.2　DF8003C 操作系统 AGENT 安全监测软件使用说明（Windows）

适用范围：该探针软件主要应用于 Windows 操作系统，支持 Windows XP（32 位）、Windows 7（64 位）、Windows 10（32/64 位）、Windows 2003（64 位）、Windows 2008（64 位），其中 Windows 2003 与 Windows 2008 为后期增容，还未经过中国电科院测试。

1. 软件部署

安装监测软件相关的所有文件都放在单独一个文件夹 hostmonitor 中，首先要求确定安装位置并把该文件夹拷贝到本地硬盘的指定位置；然后按照步骤进行部署操作。

软件的默认安装位置在 C 盘根目录下，因此下面以 c:/hostmonitor 为例进行说明；如果软件安装位置有所不同，应该做相应调整。

（1）修改运行路径配置文件。

1）打开文件"c:/hostmonitor/e3000_monitor.ini"。

2）根据软件的安装位置，修改文件中的 Path 参数。

3）将该文件拷贝到 Windows 目录下，如图 11.9−4 所示。

（2）修改 Windows 系统的 Path 环境变量，把 c:/hostmonitor/run 追加到 Path 环境变量里。

175

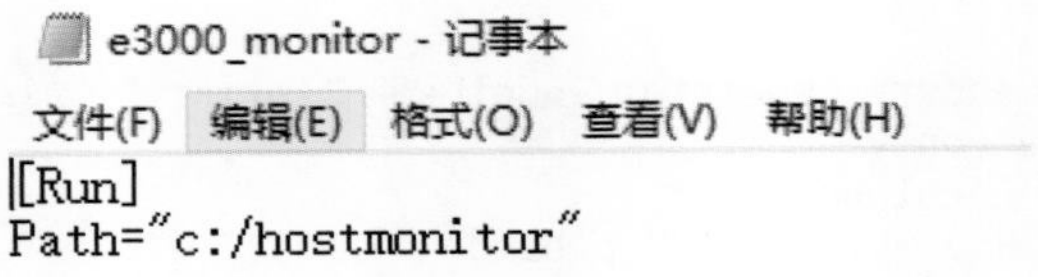

📄 e3000_monitor - 记事本

文件(F)　编辑(E)　格式(O)　查看(V)　帮助(H)

```
[Run]
Path="c:/hostmonitor"
```

图 11.9-4　将文件拷贝到 Windows 目录下

（3）修改本地审核策略。

1）运行 gpedit.msc。

2）在［计算机配置/安全设置/审核策略］中分别修改审核登录事件，审核特权使用，审核账户登录事件，审核账户管理，每一项均审核成功/失败。

（4）修改 Windows 日志文件设置。

1）在"我的电脑"图标上单击右键，然后在弹出菜单中选择"管理"，随后会弹出如图 11.9-5 所示的窗口。

图 11.9-5　计算机管理

2）在窗口的"安全性"节点上单击右键，选择"属性"。

3）在属性窗口中，确保"按需要改写事件"处于选中状态，如图 11.9-6 所示。

（5）软件注册。

1）运行"c:/hostmonitor/run/mtn.exe"启动维护窗口。

2）在维护窗口中点击"系统"，切换到系统信息视图，如图 11.9-7 所示。

3）点击"未注册"按钮，弹出注册对话框如图 11.9-8 所示。

4）把机器码供给厂家人员，并获取注册码；输入正确注册码，点击"OK"完成注册。

图 11.9-6　日志安全属性

图 11.9-7　系统信息视图

图 11.9-8　注册对话框

（6）安装操作系统安全监测服务。

1）修改 hostmonitor.exe 文件的属性，设置成以管理员身份运行。

2）打开命令行窗口，进入到 c:/hostmonitor/run 文件夹（cd c:/hostmonitor/run）。

3）运行命令"e3000hostmonitor.exe -i"，看到如图 11.9-9 所示的提示信息，即表示注册成功（只要没有明确的提示错误信息，均可认为注册成功）。

图 11.9-9　注册成功提示信息

（7）配置监测服务守护进程。

1）hmdmn.exe 用来守护监测服务进程，如果发现监测服务进程（hostmonitor.exe）异常退出，会自动重新启动监测服务。

2）如果需要对监测服务进行守护，可把 c:/hostmonitor/run/hmdmn.exe"设置成开机自启动。

（8）配置与安全监测装置的通信参数。

1）运行"c:/hostmonitor/run/mtn.exe"。

2）切换到"设置"窗口，修改如下几个参数项目：

a.＜本机名称＞上传告警事件所用的主机名称。

b.＜本地通信地址＞与安全装置通信时，本机所用的 IP 地址。

c.＜安全装置地址＞安全装置的 IP 地址。

d.＜通信端口＞默认为 8800，保持默认即可。

2．参数配置

（1）运行 c:/hostmonitor/run/mtn.exe，弹出维护界面如图 11.9－10 所示。

图 11.9－10　维护界面

（2）点击"设置"，切换到参数设置视图。

（3）点击要修改的参数项，在右侧窗口中输入参数内容。

（3）点击"存盘"保存修改内容，如果参数格式或内容有问题，会提示出错。

3．事项查看

运行 c:/hostmonitor/run mtn.exe。

点击"查看",切换到事项查看视图,在组合框中切换事项类别,可以查看对应的事项内容如图 11.9-11 所示。

图 11.9-11　事项查看

常用事项类别如下:

默认:　　　　　所有事项;

NetInterface:　网口 UP/DOWN;

SecLog:　　　　用户登录,权限,账户管理相关事项;

NetStat:　　　　网络连接相关事项,包括非法开放端口、非法外联等;

FileSystem:　　文件系统监视事项,串口监视事项;

Device:　　　　设备变化监视事项,包括 USB 设备、光驱设备等;

Running:　　　　内部审计日志。

4. 更新

本软件正常运行所需的程序文件(包括动态库、可执行文件),配置文件等文件都放在 c:/hostmonitor/run 下,并且进行了保护处理,不能擅自改动。需要更新或者升级程序时,必须使用升级工具操作,分两种情况说明如下:

(1)仅升级程序文件。

1)把要更新的文件直接拷贝覆盖到 c:/hostmonitor/run 中。

2)运行 c:/hostmonitor/maintain/hostmonitor_install.exe,启动升级工具。

3)点击"更新按钮",等待操作完成即可如图 11.9-12 和图 11.9-13 所示。

(2)升级程序文件和配置文件。

1)把要更新的文件直接拷贝覆盖到 c:/hostmonitor/run 中。

2)把更新的配置文件 monitor_setting.ini 拷贝到 c:/hostmonitor/run 中。

注：该配置文件在更新操作结束后会被自动删除。

3）运行 c:/hostmonitor/maintain/hostmonitor_install.exe，启动升级工具，选中"更新本地配置文件"检查框。

4）在升级窗口中选中点击"更新按钮"，等待操作完成即可。如图 11.9–12 和图 11.9–13 所示。

图 11.9–12　升级窗口　　　　　　　图 11.9–13　升级成功

5. 常见调试问题

（1）安装过程中如果出现如图 11.9–14 所示的错误提示窗口，此时需要额外安装补丁文件，方法是执行 c:/hostmonitor/extra/vcredist_msvc2013_x86.exe。

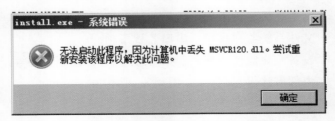

图 11.9–14　安装过程中的错误提示窗口

图 11.9–15　在下拉菜单中选择运行方式

（2）有些操作需要登录后才能执行，默认的登录用户名：admin，密码：dfwh。

（3）Windows XP 环境下把应用程序设置为"以管理员身份运行"。

1）在应用程序上单机右键，在下拉菜单中选择运行方式，如图 11.9–15 所示。

2）在窗口执行用户名为 Admininstrator，输入密码，单击确认即可，如图 11.9–16 所示。

（4）维护工具（mtn.exe）登录异常，始终提示"正在验证"，如图11.9-17所示。

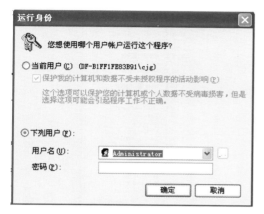

图11.9-16　运行身份输入界面　　　　图11.9-17　维护工具登录异常界面

遇到这种情况，很可能是监测服务启动失败，参见"监测服务启动异常"寻找解决方案。

（5）维护工具（mtn.exe）无法连接到监测服务，即维护工具窗口右下角的监测服务状态显示为"停止"，如图11.9-18所示。解决方案参见"监测服务启动异常"。

图11.9-18　维护工具窗口

（6）监测服务启动异常。监测服务进程用于在后台长期运行，执行安全监测任务，没有运行窗口，如果运行异常的话，可以按照如下步骤进行处理。

1）判断监测服务是否在运行中。有两种方法可用：

a. 打开进程管理窗口，查看是否有名为"hostmontor"的进程在运行，如图11.9-19所示。

图 11.9-19 任务管理器进程管理窗口

b. 打开服务管理窗口，查看是否有名为"DF_Host_Monitor"的服务在运行，如图 11.9-20 所示。

图 11.9-20 服务管理窗口

2）如果监测服务没有运行，可以尝试手动启动。有两种方法可以使用：

a. 双击 c:/hostmonitor/run/hostmonitor.exe。

b. 在服务管理窗口中找到 DF_Host_Monitor 服务，启动该服务。

如果手动启动失败，可以使用测试程序来查找故障原因。双击 c:/hostmonitor/run/test.exe 启动测试程序，在随后弹出的窗口中，查看事项列表，再进一步分析处理。

（7）监测服务无法注册。在有些操作系统环境下会出现注册服务失败的情况，此时可检查系统的 Installer 服务是否处于监测状态。可启动该服务后，再尝试注册监测服务。

11.9.2.3　DF−1911A 操作系统 AGENT 安全监测软件使用说明（Linux）

适用范围：该探针软件主要应用于 Linux 操作系统，包含 Redhat、Debain、CentOS、Ubuntu 等，具体可以参照表 11.9−4。

表 11.9−4　　　　　　　　　　　　操作系统类 AGENT 支持情况

操作系统	操作系统版本号	位数	是否支持	中国电科院测试情况	现场使用情况
Ubuntu	Ubuntu11.04	32 位	支持	还未经过测试	部分现场运行
	Ubuntu11.04	64 位	支持	还未经过测试	
	Ubuntu14.04（64）	64 位	支持	还未经过测试	
Redhat	Redhat5.1−5.9	32 位	支持	还未经过测试	
	Redhat6.1−6.9	64 位	支持	还未经过测试	
	Redhat7.0−7.2	64 位	支持	还未经过测试	
CentOS	CentOS6	64 位	支持	还未经过测试	
Debain	Debain5	32 位	支持	已经测试通过	
	Debain8	64 位	支持	还未经过测试	
	Debain8	64 位	支持	还未经过测试	

1. 相关文件说明

将安装包（如名为 dfe_monitor.tar.gz）解压得到文件，见表 11.9−5。

表 11.9−5　　　　　　　　　　　　安装包解压得到的文件

文件（安装包内路径）	部署后路径及文件名	说　明
install	/usr/local/dfe_monitor/install	安装脚本
uninstall	/usr/local/dfe_monitor/uninstall	卸载脚本
manrun	无	手动运行程序脚本
AGENT.conf		用于配置通信 server 端信息，根据实际情况进行配置
get_device_id	无	用于获取设备唯一标识码，用于生成证书
README	无	软件安装卸载的简单说明，方便 Linux 命令界面查看
sbin/monitorwatch	/usr/local/dfe_monitor/sbin/monitorwatch	安全监视软件管理守护主程序，负责启动安全监视采集主程序，并对采集主程序异常进行监视处理。每台设备只运行一个此程序
sbin/monitor	/usr/local/dfe_monitor/sbin/monitor	安全监视采集主程序，实现上述各种安全相关信息的采集，以及将信息上送站内采集器。每一台机器只运行一个此程序
sbin/run.sh	/usr/local/dfe_monitor/sbin/run.sh	程序运行脚本，install 安装结束后如果程序运行异常需要重新启动，执行此脚
etc/ipwhitelist.txt	/usr/local/dfe_monitor/etc/ipwhitelist.txt	网络白名单配置文件，用于记录本机与哪些 IP 通信是正常的。若本机与不在此白名单的 IP 进行 TCP、UDP 通信，则会触发"非法网络外联"事件告警，发送给采集器。此文件需根据站内 IP 通信需求进行配置

文件（安装包内路径）	部署后路径及文件名	说　明
etc/portwhitelist.txt	/usr/local/dfe_monitor/etc/portwhitelist.txt	端口白名单配置文件，用于记录本机开放哪些端口为合法端口。若通信端口与不在此白名单则会触发"开放非法端口"事件告警，发送给采集器。 此文件需根据站内 IP 通信需求进行配置
etc/setperiod.ini	/usr/local/dfe_monitor/etc/setperiod.ini	非法端口检测周期配置文件（默认为 5min）。此文件需根据站内 IP 通信需求进行配置
etc/filemonitor.txt	/usr/local/dfe_monitor/etc/filemonitor.txt	文件目录监测配置文件，用于监测关键文件/目录变更。程序将对该文件内的目录进行监测，当监测到这些目录下的文件进行变更，则触发"关键文件/目录变更"事件报警，发送给采集器。 此文件需根据站内 IP 通信需求进行配置

2. 监测软件安装

（1）拷贝程序安装包到设备。将程序安装文件夹 dfe_monitor 拷贝到/home/dfe001 目录下，如果不存在该目录，先手动创建一下该目录。命令创建如图 11.9-21 所示（采用 Root 或管理员用户操作）。

```
root@Debian:#  mkdir /home/dfe001
```

图 11.9-21　命令创建界面

（2）证书注册。软件安装运行前，需要先生成注册文件。

1）把安装目录/home/dfe001/dfe_monitor 下的 get_device_id，拷贝到设备上。增加可执行权限并运行（命令如图 11.9-22 所示），运行后会在当前目录生成设备 id 文件—device.id。

```
root@Debian:~/dfe_monitor# chmod  + x get_device_id
root@Debian:~/dfe_monitor#./get_device_id
```

图 11.9-22　可执行权限并运行

2）生成的设备 id 文件 devic.id，发送给相应研发人员，通过证书生成软件，生成证书文件 dfemonitor.lic。

3）把收到的证书文件 dfemonitor.lic，重新拷贝到相应设备上的 /home/dfe001/dfe_monitor 目录下，然后进行下一步。

（3）网络配置 agent.conf。

1）修改/home/dfe001/dfe_monitor/目录下的配置文件 agent.conf 中［server-config］，如图 11.9-23 所示。

```
[server - config]
SERVERADD_A = 192.168.1.194
SERVERPORT_A = 8800
SERVERADD_B = 192.168.204.146
SERVERPORT_B = 8800
```

图 11.9 - 23　配置 server - config

分别对应网络安全监测装置 A 网 IP、A 网端口、B 网 IP、B 网端口。

2）修改配置文件 agent.conf 中［local - config］，如图 11.9 - 24 所示。

```
[local - config]
DEVICENAME = svr01
INTERFACE = eth0
ECHOCMDLEN = 1024
```

图 11.9 - 24　配置 local - config

分别对应主机的设备名、通信网卡接口名等。

（4）程序安装。

1）执行/home/dfe001/dfe_monitor 目录下的安装脚本，执行方式如图 11.9 - 25 所示。

```
./install
```

图 11.9 - 25　执行安装

2）如果步骤 1）执行不成功，提示 Permission denied，需要给 install 文件增加执行权限，然后再重新执行步骤 1），如图 11.9 - 26 所示。

```
chmod +x install
```

图 11.9 - 26　添加权限

3）执行完安装脚本后，会有一些安装提示，安装完成后提示如图 11.9 - 27 所示，即表示安装成功。

```
root@Debian:~/dfe_monitor# ./install
Install Complete Successfully!
Please manual run(./manrun) or reboot to running!
```

图 11.9 - 27　安装完成提示

（5）执行程序。程序安装完成后，有两种启动方式：

1）重启设备，设备起来后程序将自动运行。

2）不重启设备，执行 manrun 脚本，手动运行程序，脚本执行方式如图 11.9-28 所示。

```
./manrun
```

图 11.9-28　执行 manrum 脚本

3）manrun 脚本执行成功后，有如图 11.9-29 所示的提示表示程序启动成功。

```
root@ls:/home/dfe001/dfe_monitor# ./manrun
root@ls:/home/dfe001/dfe_monitor# monitor process start running
```

图 11.9-29　程序启动成功提示

4）如果执行出现如图 11.9-30 所示的错误提示，请检查 agent.conf 参数配置是否正确或查看 log 信息定位错误。

```
root@Debian:~/dfe_monitor#
ERROR: monitor process run error!
Please check server.cfg or log file
```

图 11.9-30　程序启动错误提示

5）如果需要重新更改配置，如 agent.conf 等，修改完成后需要重新执行启动脚本 manrun（./manrun）。

6）至此程序已安装完成，验证程序是否已经正在运行，可以通过手动检查程序是否执行成功。运行 ps-e | grep monitor，查看结果存在两个进程 monitorwatch、monitor 即代表程序已成功执行。如图 11.9-31 所示。

```
root@Debian:~/dfe_monitor# ps  -e | grep monitor
19796 ?           00:00:00 monitorwatch
19798 ?           00:00:00 monitor
```

图 11.9-31　验证程序

（6）卸载。运行安装包内的 uninstall 脚本（./uninstall）即可。

执行结果如图 11.9-32 所示。

```
root@Debian:~/dfe_monitor# ./uninstall
stop run monitor process.
```

图 11.9-32　卸载程序

（7）相关配置。

方式 1：如果 IP 白名单、端口白名单等配置文件采用了加密存储方式，手动查看不了所以需要通过网络安全监测装置维护软件进行配置（推荐方式）；如果无法通过此方式，则采用方式 2。

方式 2：如果有特殊情况，无法采用维护软件进行配置，并需要修改配置参数，联系研发人员提供文件解密工具，解密后进行手动配置，或给开发人员提供配置需求，由开发人员根据需求给提供配置文件（不推荐）。

方式 3：如果 IP 白名单、端口白名单等配置文件未采用加密存储方式，则按照配置说明打开白名单文件进行相关配置。

（8）配置说明（采用方式 2 配置）。

1）IP 白名单配置 ipwhitelist.txt。根据实际情况，将需要设置为白名单的 IP 地址及协议类型填入此文件即可，如图 11.9-33 所示，支持两种格式的混合使用：① 一行一个 IP 地址；② IP 地址与协议之间用逗号‘,’分割。

图 11.9-33　IP 白名单配置

设置 IP 段，开始和结束 IP 地址之间用中划线"-"相连，中间不需要空格，表示此 IP 段的所有 IP 均在白名单内。

2）端口号白名单配置 portwhitelist.txt。根据实际情况，将需要设置为白名单的端口号，如图 11.9-34 所示，支持两种格式的混合使用：① 一行一个端口号；② 端口号与协议名称之间用逗号‘,’分割。

图 11.9-34　端口号白名单配置

187

设置端口段，开始和结束端口号之间用中划线"－"相连，中间不需要空格，表示此端口段的所有端口号均在白名单内。结束端口号大于开始端口号。

3）开放非法端口检测周期配置。开放非法端口的检测周期配置项为 DetectPortPeriod，单位为 s。默认 1800s。修改时只需要修改"＝"后数字即可，注意不要加空格。DetectPortPeriod＝1800。

4）存在光驱检测周期配置。存在光驱检测周期配置项为 DetectCDRomPeriod，单位为 s。默认 1800s。修改时只需要修改"＝"后数字即可，注意不要加空格。DetectCDRomPeriod＝1800。

5）关键文件/目录检测配置。根据实际情况，将需要检测的关键目录填入即可，如图 11.9－35 所示。

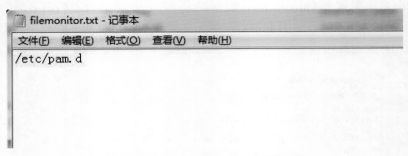

图 11.9－35　关键文件/目录检测配置

（9）常见问题。

1）程序未正确运行，可能出现的问题有：

a. 是否获取证书序列号文件。

b. 程序文件夹 dfe_monitor 存放路径错误。

解决方法：把程序文件夹放到/home/dfe001/目录下。

c. sbin/monitorwatch 及 sbin/monitor 没有可执行权限。

解决方法：给程序增加可执行权限 chmodug＋x bin/monitorwatch　bin/monitor
然后重新执行 install 脚本。

11.9.3　网络设备支持情况

网络设备支持情况见表 11.9－6。

表 11.9－6　　　　　　　　　　　网 络 设 备 支 持 情 况

交换机型号	固件版本	软件版本	SNMP 协议支持情况	备　注
E3116			V2c/V3	

11.9.4 网络设备接入具体操作方法

11.9.4.1 E3116 交换机升级

1. 登录 WEB

电脑通过网线连接交换机，电脑 IP 地址和交换机在同一个网段（交换机默认的 IP 为 192.168.0.1 或 192.168.0.100），使用浏览器登录交换机，输入用户名 admin、密码 df、验证码，如图 11.9−36 所示。

图 11.9−36 登录 WEB

2. 升级

（1）选择基础配置→设备配置→系统升级。

（2）点击"浏览"，选择相应版本的程序，点击导入。如图 11.9−37 所示。

图 11.9−37 导入界面

（3）点击确定，等待软件导入，需要 5～6min。如图 11.9−38 所示。

189

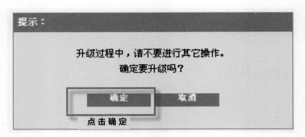

图 11.9-38　等待软件导入

3. 重启

提示导入成功后，点击确定，在设备配置→配置维护→配置设备中，点击重启设备。如图 11.9-39 所示。

图 11.9-39　重启设备

11.9.4.2　E3116 交换机的配置

1. IP 配置

在导航栏中依次选择路由配置→IP 配置→IP 基本信息（按要求配置信息，缺省 IP 地址为 192.168.0.1），如图 11.9-40 所示。

图 11.9-40　IP 基本信息

2. SNMP 协议版本切换

现场可以与网络安全监测装置协商选择 SNMP V2 或 V3 版本一种，只要两面一致即可。

（1）使用 V2 版本。

190

1）在导航栏中依次选择系统管理→SNMP→V1/V2→主机配置。

2）选择"添加"按钮，填入 IP 地址（此处填写的 IP 地址为网络安全监测装置采集交换机的 IP 地址）和团体名（与网安装置一致，无特殊说明默认为 public 与网络安全监测装置一致），端口号为 162 不变，如图 11.9-41 所示。

图 11.9-41　Trap 主机信息

3）选择"应用"按钮。

（2）使用 V3 版本。

1）访问组配置。

a. 在导航栏中依次选择系统管理→SNMP→V3→访问组配置。

b. 选择"添加"按键，按图 11.9-42 配置。组名可随意，安全等级必须选择 authpriv，视图都填写 internet，其他默认。

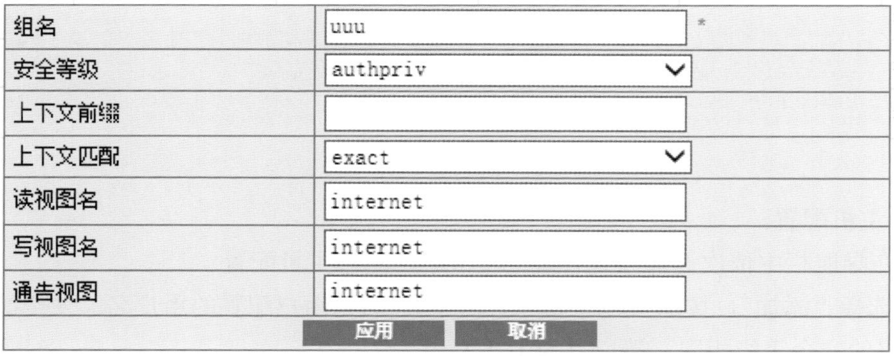

组名	uuu	*
安全等级	authpriv	
上下文前缀		
上下文匹配	exact	
读视图名	internet	
写视图名	internet	
通告视图	internet	
	应用　取消	

图 11.9-42　访问组配置

c. 选择"应用"按键，如图 11.9-43 所示。

访问组信息表

组名	上下文前缀	安全模型	安全等级	上下文匹配	读视图名	写视图名	通告视图		
uuuu		usm	authpriv	exact	internet	internet	internet	修改	删除
initial		usm	authnopriv	exact	internet	internet	internet	修改	删除
initialnone		usm	noauthnopriv	exact	system		internet	修改	删除

图 11.9-43　访问组列表

191

2）用户配置。

a. 在导航栏中依次选择系统管理→SNMP→V3→用户配置。

b. 选择"添加"，按图 11.9-44 配置。按要求填入信息，用户组名选择访问组配置的组名，用户名、认证方式（MD5）、认证密码、加密方式（DES）、加密密码与网安装置一致。

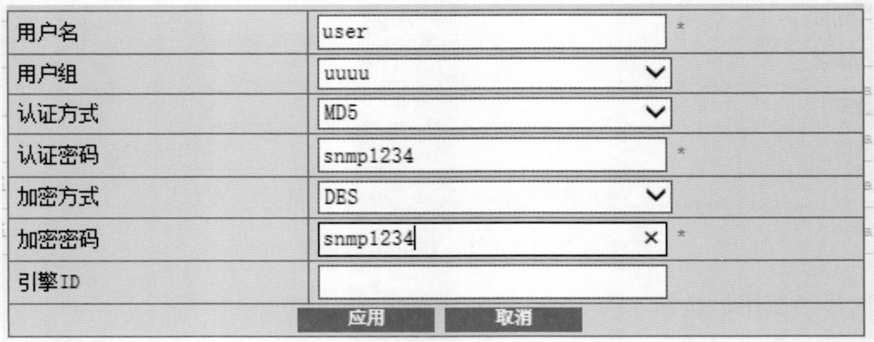

用户名	user	*
用户组	uuuu ▼	
认证方式	MD5 ▼	
认证密码	snmp1234	*
加密方式	DES ▼	
加密密码	snmp1234 ✕	*
引擎ID		

应用　　取消

图 11.9-44　用户配置

c. 选择"应用"，如图 11.9-45 所示。

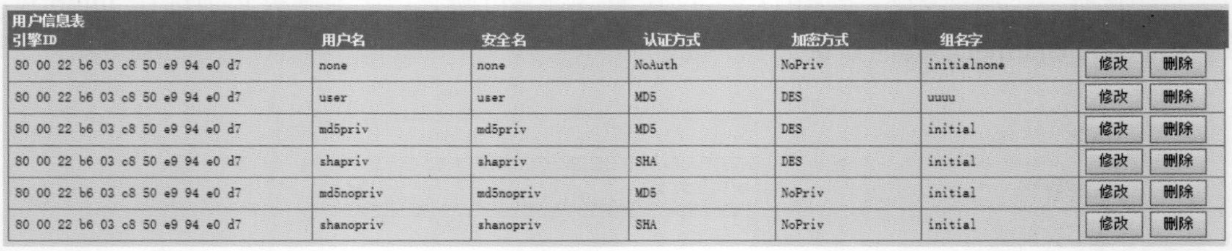

用户信息表

引擎ID	用户名	安全名	认证方式	加密方式	组名字		
80 00 22 b6 03 c8 50 e9 94 e0 d7	none	none	NoAuth	NoPriv	initialnone	修改	删除
80 00 22 b6 03 c8 50 e9 94 e0 d7	user	user	MD5	DES	uuuu	修改	删除
80 00 22 b6 03 c8 50 e9 94 e0 d7	md5priv	md5priv	MD5	DES	initial	修改	删除
80 00 22 b6 03 c8 50 e9 94 e0 d7	shapriv	shapriv	SHA	DES	initial	修改	删除
80 00 22 b6 03 c8 50 e9 94 e0 d7	md5nopriv	md5nopriv	MD5	NoPriv	initial	修改	删除
80 00 22 b6 03 c8 50 e9 94 e0 d7	shanopriv	shanopriv	SHA	NoPriv	initial	修改	删除

图 11.9-45　用户列表

3）主机配置。

a. 在导航栏中依次选择系统管理→SNMP→V3→主机配置。

b. 选择"添加"，按图 11.9-46 配置。用户名为用户配置的用户名，安全等级与访问组配置的安全等级相同，端口号为 162 不变。

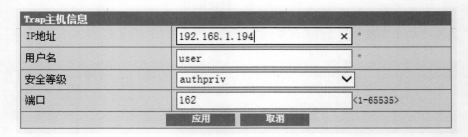

图 11.9-46　主机配置

c. 选择"应用"即可完成配置,如图 11.9−47 所示。

图 11.9−47 主机列表

11.9.4.3 E3116 交换机的功能测试

1. 网口 UP

从交换机接一条网线到 PC,产生该信号。

2. 网口 DOWN

把从交换机接到 PC 的网线拔掉一端,产生该信号。

3. 登录成功

登录界面如图 11.9−48 所示。

图 11.9−48 登录界面

输入正确用户名、密码和验证码,正确登录,产生该信号。

4. 登录失败

输入错误的用户名或密码,输入正确的验证码,登录失败,产生该信号。

5. 退出登录

选择界面右上角"退出"按钮,退出登录,产生该信号。

6. 修改密码

(1)在导航栏中依次选择基本配置→用户→用户管理。

(2)选择一个用户的"修改"按键。未添加非 admin 用户,建议先添加一个非 admin 用户,避免忘记修改后的 admin 密码,导致无法登录,如图 11.9−49 所示。

图 11.9−49 用户管理

（3）输入正确旧密码和符合密码复杂度的新密码（长度不小于 8 且不超过 16，必须包含大写字母、小写字母、特殊符号和数字），选择明文选项，选择"应用"按钮，修改密码，产生该信号。如图 11.9-50 所示。

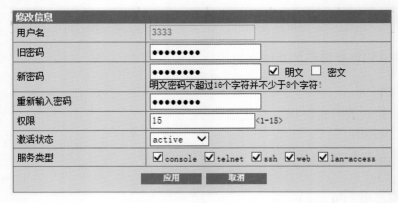

图 11.9-50   修改密码

7. 配置变更（绑定 MAC 地址/删除 MAC 地址绑定）

在导航栏中依次选择以太网配置→MAC→MAC 配置→静态 MAC 配置，如图 11.9-51 所示。

图 11.9-51   MAC 地址配置

MAC 地址随便填入符合格式的数据，VLAN 填入 1，端口随意选择一个端口，产生该信号。

8. 用户操作信息

配置变更可同时产生该信号。

修改安全配置可产生该信号。

在导航栏中依次选择安全配置→风暴抑制→全局风暴抑制配置，如图 11.9-52 所示。更改 Dlf-forwarding 状态，选择"应用"。

图 11.9-52   全局风暴抑制配置

配置 VLAN 可产生该信号。

在导航栏中依次选择以太网配置→VLAN 配置→基本配置，如图 11.9－53 所示。

添加或删除 VLAN 口配置可产生该信号（1 为默认 VLAN 设置）。

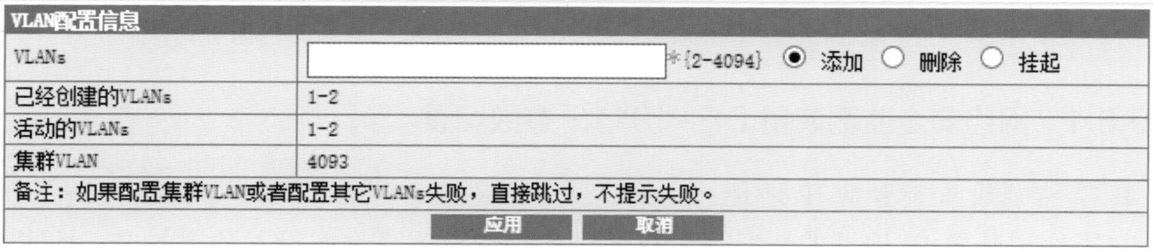

VLAN配置信息		
VLANs		＊[2-4094]　◉ 添加　○ 删除　○ 挂起
已经创建的VLANs	1-2	
活动的VLANs	1-2	
集群VLAN	4093	
备注：如果配置集群VLAN或者配置其它VLANs失败，直接跳过，不提示失败。		
	应用　　取消	

图 11.9－53　VLAN 配置

其他交换机定义操作可产生该信息。

9. 网口流量超过阈值

使用超级终端通过 Console 线连接到维护口，波特率：9600，8，1 无校验。

登录之后参照以下输入命令进入模式设置：

Login：

Login：admin 用户名

Password：（df）密码

DongFang＞enable 进入特权模式

Password：（df）

DongFang#conf 进入全局配置模式

DongFang（config）#

DongFang（config）#rmon alarm 1 1.3.6.1.2.1.2.2.1.10.5 delta rising－threshold 8 1 falling－threshold 6 1 owner test

DongFang（config）# rmon event 1 log trap owner test

其中红色标记的 5 为网口 5，现场可以根据情况选择一个空闲的网口进行设置。

将笔记本通过网线连接到 5 口（设置的网口），交换机即可报出网口流量超过阈值。

事件核实正确时需要输入以下命令将网口阈值设置取消：

DongFang（config）# no rmon event 1（取消）

DongFang（config）# write（保存，必须要保存，否则重启交换机又会报网口流量超过阈值）

10. 未绑定 MAC 地址

在导航栏中依次选择以太网配置→MAC→MAC 配置→MAC 学习。

针对不同的网安装置对已经入网线的端口做打开 MAC 学习和禁止 MAC 学习设置。

对交换机接入网线的网口不做 MAC 地址绑定操作可产生该信号。

由于不同厂家兼容性问题，不同厂家对交换机的 MAC 学习有特殊要求，其中上海思源、南瑞继保、北京科东必须禁止 MAC 学习，许继电气必须打开 MAC 学习，其他厂家不做要求。

11.9.5 网络安全监测装置 DF–1911S 调试

11.9.5.1 网络安全监测装置 DF–1911S 参数配置

1. 查询或设置装置的 IP 地址

在不知道装置 IP 地址的情况下可以通过串口的方式查询或设置装置的 IP，具体方法如下：

（1）通过 Console 线将笔记本电脑的串口连接到网络安全监测装置 Console 口。

（2）使用超级终端或 putty 工具链接到装置上，具体设置为波特率 115 200，8 位数据位，1 位停止位，无校验，数据流控制无，如图 11.9–54 和图 11.9–55 所示。

图 11.9–54　COM 属性配置

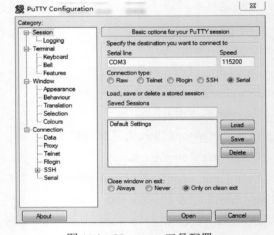
图 11.9–55　putty 工具配置

（3）进入登录界面，输入正确的用户名、密码，如图 11.9–56 所示。

```
Fedora 23 (Server Edition)
Kernel 4.1.35-g2018-04-20-dee2dd1 on an ppc64 (ttyS0)

Admin Console: https://172.20.48.1:9090/ or https://[::1]:9090/

localhost login:
Fedora 23 (Server Edition)
Kernel 4.1.35-g2018-04-20-dee2dd1 on an ppc64 (ttyS0)

Admin Console: https://172.20.48.1:9090/ or https://[::1]:9090/

localhost login: sysadmin00
Password:
Last login: Mon Jun  3 10:26:40 on ttyS0
[sysadmin00@localhost ~]$
```

图 11.9–56　用户登录

其中早期供货设备的用户名、密码：用户名 root，密码 root；用户名 admin，密码 Ytdf@000。

正式的用户名有 sysadmin00（系统管理员）、audadmin00（审计员）、oper00（操作员），密码都是 Ytdf@000。

（4）可以通过 ifconfig 命令查看装置的 IP 地址，如图 11.9－57 所示。

```
localhost login: sysadmin00
Password:
Last login: Mon Jun  3 10:26:40 on ttyS0
[sysadmin00@localhost ~]$ ifconfig
eth1: flags=4099<UP,BROADCAST,MULTICAST>  mtu 1500
        inet 32.192.70.46  netmask 255.255.255.0  broadcast 32.192.70.255
        ether 00:0c:29:12:22:13  txqueuelen 1000  (Ethernet)
        RX packets 0  bytes 0 (0.0 B)
        RX errors 0  dropped 0  overruns 0  frame 0
        TX packets 0  bytes 0 (0.0 B)
        TX errors 0  dropped 0  overruns 0  carrier 0  collisions 0
        device memory 0xffe4e6000-ffe4e6fff

eth2: flags=4099<UP,BROADCAST,MULTICAST>  mtu 1500
        inet 32.101.35.46  netmask 255.255.255.0  broadcast 32.101.35.255
        ether 00:0c:16:41:14:17  txqueuelen 1000  (Ethernet)
        RX packets 0  bytes 0 (0.0 B)
        RX errors 0  dropped 0  overruns 0  frame 0
        TX packets 0  bytes 0 (0.0 B)
        TX errors 0  dropped 0  overruns 0  carrier 0  collisions 0
        device memory 0xffe4e0000-ffe4e0fff

eth3: flags=4163<UP,BROADCAST,RUNNING,MULTICAST>  mtu 1500
        ether 00:0c:10:22:10:71  txqueuelen 1000  (Ethernet)
        RX packets 0  bytes 0 (0.0 B)
        RX errors 0  dropped 0  overruns 0  frame 0
        TX packets 0  bytes 0 (0.0 B)
        TX errors 0  dropped 0  overruns 0  carrier 0  collisions 0
        device memory 0xffe4e8000-ffe4e8fff

eth4: flags=4099<UP,BROADCAST,MULTICAST>  mtu 1500
        ether 00:0c:25:28:17:27  txqueuelen 1000  (Ethernet)
        RX packets 0  bytes 0 (0.0 B)
        RX errors 0  dropped 0  overruns 0  frame 0
        TX packets 0  bytes 0 (0.0 B)
        TX errors 0  dropped 0  overruns 0  carrier 0  collisions 0
        device memory 0xffe4e4000-ffe4e4fff

eth5: flags=4099<UP,BROADCAST,MULTICAST>  mtu 1500
        ether 00:0c:14:52:14:18  txqueuelen 1000  (Ethernet)
        RX packets 0  bytes 0 (0.0 B)
        RX errors 0  dropped 0  overruns 0  frame 0
        TX packets 0  bytes 0 (0.0 B)
        TX errors 0  dropped 0  overruns 0  carrier 0  collisions 0
```

图 11.9－57　查看装置 IP 地址

（5）如果装置无可用的 IP 地址，可以通过 ifconfig 命令设置装置的 IP 地址，如设置网口 4 的 IP 地址为 192.168.10.1，如图 11.9－58 设置。

sudo 密码为 Ytdf@000。

```
[sysadmin00@localhost ~]$ sudo ifconfig eth4 192.168.10.1 up
[sudo] password for sysadmin00:
[sysadmin00@localhost ~]$
```

图 11.9－58　配置装置 IP 地址

2. 网安装置注册

网络安全装置对时异常指示灯出现红灯闪烁的情况下，表示网络安全监测装置未注册，未注册的装置不影响监测对象的事件采集，但是无法与网络安全监测管理平台通讯。具体注册方法如下：

（1）通过网线连接已知 IP 地址的网口，通过 winSCP 工具连接装置，具体设置如下：

其中 192.168.4.100 为已知网络安全监测装置网口的 IP，将自己笔记本电脑的 IP 设置为同一网段的 IP 地址，文件协议为 SFTP，端口号为 22，用户名 sysadmin00，密码为 Ytdf@000（早期设备用户名密码参照上一条连接装置）。如图 11.9−59 所示。

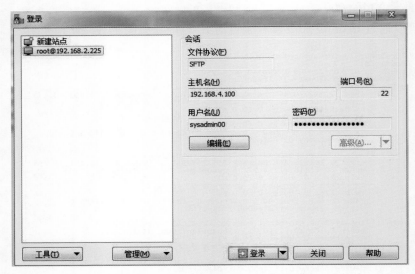

图 11.9−59　winSCP 工具连接装置

（2）检查/home/dfe001 目录下的 getmac 程序的权限是否具备 x 运行权限，无运行权限，需要通过右键属性增加运行权限并重启装置。如图 11.9−60 所示。

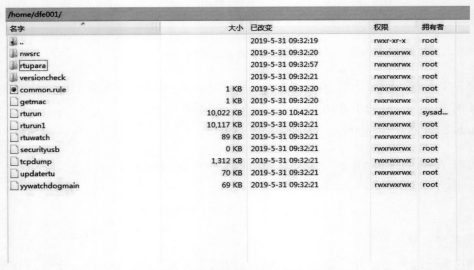

图 11.9−60　检查 getmac 程序的权限

（3）进入/home/dfe001/rtupara/db 目录下，将机器码文件 mac.txt 下载到电脑上发回东方电子申请注册码，注册码文件为 id.txt，然后将注册码文件 id.txt 上传到装置/home/

dfe001/rtupara/db 目录下,重启装置(注册成功对时异常指示灯常亮或灭掉)。如图 11.9－61
所示。

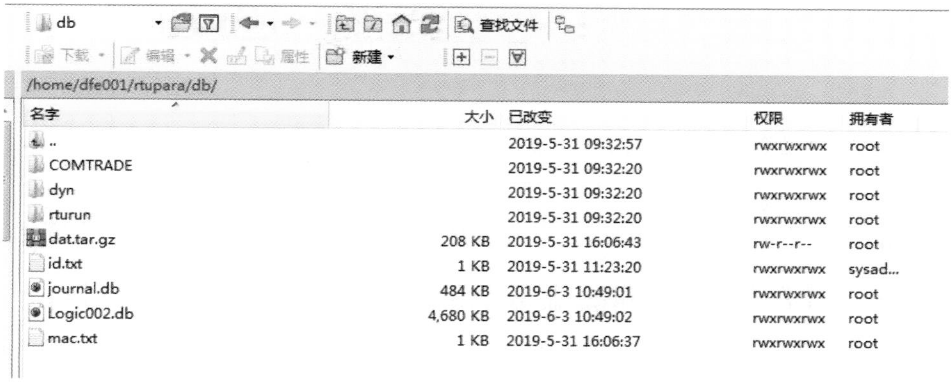

图 11.9－61　装置注册

3. 更换程序、参数

网络安全监测装置的程序为 rturun,存放路径为/home/dfe001 目录下,参数存放在
/home/dfe001/rtupara 目录下的 dat 文件夹内。

(1) 更换程序。

第一步:新站现场一般需要更换为最新的程序,可以通过 winSCP 工具连接到装置
(具体的方法参照上一条网安注册),将新的 rturun 上传到网安装置/home/dfe001 目录下
替换原有的程序。如图 11.9－62 所示。

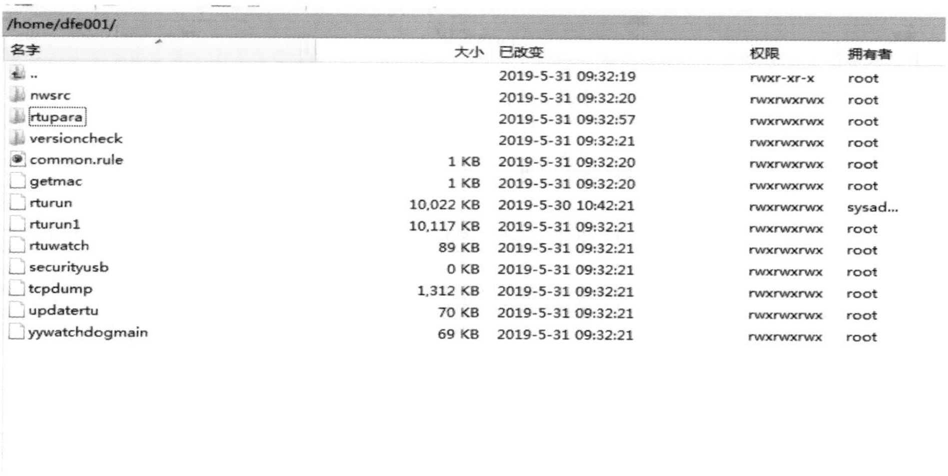

图 11.9－62　替换 rturun 目录

第二步:右键属性给程序 rturun 增加 x 运行权限,如图 11.9－63 所示。也可以通过
putty 使用命令 chmod＋x rturun 增加运行权限。

图 11.9-63　rturun 增加运行权限

（2）上、下装参数。可以通过 winSCP 工具连接到装置，将/home/dfe001/rtupara 目录下的 dat 文件夹下载到笔记本电脑中；也可以将已知的参数上传到装置中（上传前首先将 dat 里的参数全部删除，防止多个参数相互影响）。

（3）清除历史库文件。通过 winSCP 工具进入目录/home/dfe001/rtupara/db，删除该目录下所有的历史库文件（扩展名为.db 的文件）。

4. 维护 IP 地址

方法一：如果现场的网络安全监测装置为新装置调试，可以通 winSCP 工具连接到装置，将已知装置 IP 地址、维护 IP、用户名和密码的参数上传到网络安全监测装置内，重启生效，此站的装置参数配置可以在此参数基础上修改。

方法二：多用于已调试完成的网络安全监测装置，现场的参数不可以随意更改。

（1）通过 winSCP 工具连接到装置，将装置内的参数 dat 文件夹下载到电脑上，然后拷入虚拟机内网络安全监测装置配置工具 gatewaytools 的同一目录下。

（2）将 gatewaytools 的运行模式修改为 debug 模式，gatewaytools 工具 debug 模式查看参数。

（3）运行 gatewaytools 查看参数，如图 11.9-64 所示，可以查看网卡的 IP 地址。

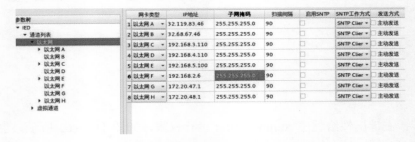

图 11.9-64　查看网卡 IP 地址

200

（4）查看维护 IP 地址，如图 11.9-65 所示以太网 H 的维护 IP 地址为 172.20.48.65 和 172.20.48.66。

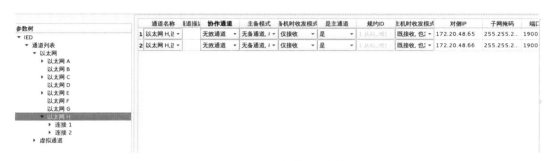

图 11.9-65　维护 IP 地址

5. 工具 gatewaytools 连接装置

通过以上维护 IP 地址的方式查到装置的 IP 和维护 IP 地址，如网口 8IP 为 172.20.48.1，维护 IP 为 172.20.48.65（也可以是 66），下面以此为例介绍。

（1）将笔记本电脑通过网线连接到装置已知 IP 地址和维护 IP 地址的网口，此处为网口 8。

（2）设置笔记本电脑的 IP 地址与装置的 IP 和维护 IP 地址为同一网段，但不能冲突，如 172.20.48.110。如图 11.9-66 所示。

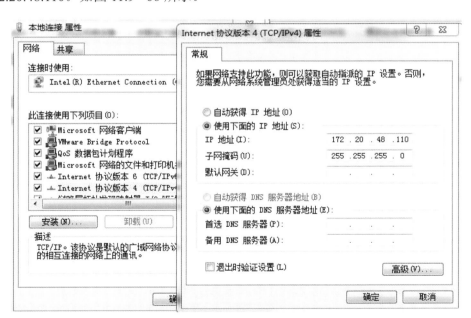

图 11.9-66　调试笔记本电脑 IP 配置

（3）设置虚拟机的 IP 地址为维护 IP 地址，如 172.20.48.65。如图 11.9-67 所示。

图 11.9-67　设置虚拟机 IP

（4）在非 debug 模式下运行 gatewaytools，弹出连接界面，输入装置的 IP 地址，端口号 1900，点击连接。如图 11.9-68 所示。

图 11.9-68　连接设置

（5）输入正确的用户名、密码即可进入用户操作界面。网络安全监测装置没有超级权限用户，其中具有系统管理员 Admin、审计员 Auditor、操作员 Oper 3 个默认用户。

1）系统管理员主要功能为时钟管理、用户管理等。

2）审计员主要功能为日志管理。

3）操作员主要功能为事件查询、参数配置、文件传输等。（日常主要用到的用户）。

如果现场不知道用户名和密码或者密码使用时间已过（密码有效期 90 天），无法登录，可以用户名密码恢复默认设置。

6. 资产配置

根据用户的需求和现场调研表，将需要接入的监测对象添加到参数内，监测对象主要保护主机服务器、交换机、防火墙、隔离装置，以及网络安全监测装置自身。

（1）统一分配监测对象和网络安全监测装置的 IP 地址，保证监测对象和网络安全监测装置在同一网段内。

（2）在修改网卡参数前，新站需要将进入资产管理将所有资产全部删除，否则修改与资产在同一网段的网卡 IP 地址，保存时会有关于资产的错误信息提示。

（3）在参数设置→参数配置 1 的网卡参数中填入网络安全监测装置的 IP 地址与子网掩码，一般网口 3、4 用来与监测对象通信，如图 11.9-69 所示的网口 3IP：33.104.21.240 和网口 4IP：128.70.64.110 为与监测对象通信的 IP 地址。

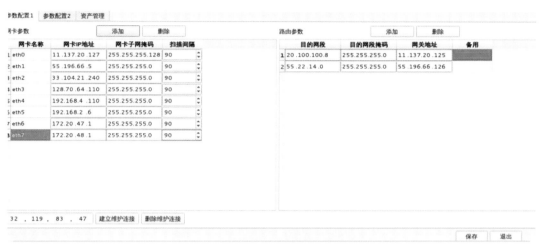

图 11.9-69　监测装置 IP 地址配置

（4）可以根据现场情况和参数的配置，在参数设置→参数配置 1 建立和删除维护连接。

（5）添加资产。在参数设置→资产配置内将监测对象一一添加到资产内，如图 11.9-70 所示。

资产序号不重复；设备名称根据现场修改；设备 IP 添监测对象的 IP；设备类型根据监测对象的类型选择（服务器、交换机、防火墙、隔离装置等）；设备厂家可以自主填写；序列号不能重复；其他不需要填写。

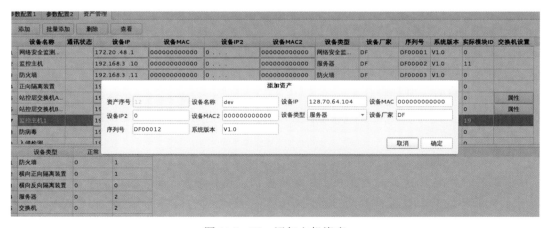

图 11.9-70　添加主机资产

图 11.9－71　交换机特殊设置

（6）如果添加的资产是交换机，在修改完以上配置的基础之上还需要选择交换机的通信协议是 SNMP V2 还是 SNMP V3 保证与交换机自身的设置一致，在资产的交换机设置中打开属性弹出如图 11.9－71 所示的界面。

SNMP V2 版本设置：SNMP 版本选择 2，团体名填写与交换机一致，多为 public，端口号 161 固定，其他不需要修改。

SNMP V3 版本设置：SNMP 版本选择 3，用户名与交换机一致如 user，认证协议 MD5，加密协议 DES，认证口令与加密口令与交换机设置一致，端口号 161 固定，其他不需要修改。

（7）程序增加了平台远方修改网络安全监测装置网络白名单和服务单口白名单的功能，需要在之前的基础上增加一个网络安全监测装置自身的资产，如图 11.9－72 所示。

图 11.9－72　添加监测装置资产

资产序号：不重复。

设备名称：DCD。

设备 IP 地址：填写网安装置 8 个网卡的任何一个地址都可以，一般主要填写与平台通信的 IP 地址（平台还未分配填写与监测装置通信的 IP）。

设备类型：网络安全监测装置；

序列号不重复，其他默认。

（8）资产全部添加完成后，点击保存即可完成站内与监测对象通信的参数配置。

7. 对时配置

网络安全监测装置对时有两种方式分别为 B 码对时和 NTP 网络对时。

B 码对时：装置提供一个 IRIG－B 对时接口，可以 B 码对时线。

NTP 网络对时：可以在参数设置→参数配置 2 中的 NTP 参数设置 NTP 对时源，最多可以设置 4 个时钟源地址。如图 11.9－73 所示。

图 11.9－73　NTP 网络对时配置

8. 平台参数配置

（1）通信地址准备。联系调度统一分配网络安全监测装置的 IP 地址、网关、子网掩码、以及平台的 IP 地址。

（2）调度数据专网准备。联系调度开放数据专网的网络安全监测装置通信的通道端口（注意数据专网交换机的网口是固定的，不能胡乱插拔）。

（3）证书准备。一台装置对应一套证书文件（包括证书请求文件 DevCert.req，证书文件 DevCert.cer，以及相应的公钥私钥信息）。

图 11.9－74　证书请求文件

1）通过维护软件的证书管理功能→生成证书请求文件（装置证书），点击生成装置的证书请求文件，如图 11.9－74 所示，存放路径为与 gatewaytools 同一路径的 cert 目录下（注意装置的证书请求文件是随机生成唯一的，无法恢复的）。

2）将生成的装置证书请求文件 DevCert.req 发给平台，由调度注册生成相应的证书文件 DevCert.cer，同时由调度提供平台的证书文件（扩展名为.cer），算法为 SM2 与纵向加密的不同。如图 11.9－75 所示。

3）将平台的证书文件放在 cert 目录下，进入维护软件的证书管理功能，点击导入平台证书，根据提示选择相应的平台证书文件（只有一个证书文件时不需要手动选择），选择对应的平台地址，会在参数中生成程序所需要的证书参数文件 siec104_××××××××.txt，下划线后面 8 位字符串为平台 IP 地址的 16 进制数，0 不能省略。如图 11.9－76 所示。

图 11.9－75　选择平台证书

图 11.9－76　导入证书

205

siec104.txt 文件内容（32 对装置私钥+64 对装置公钥+64 对平台公钥+2 组 12345678）。

4）参照以上方法，生成每个平台地址所需要的证书参数文件，注意，在生成证书参数文件之前应先将参数配置 2 中的事件上传参数配置完成，即以下第 5 步。

（4）在参数设置→参数配置 1 的网卡参数中设置网络安全监测装置的 IP 地址和子网掩码（注意与平台通信一般使用网卡 1 和网卡 2，优先选择网卡 1），在路由参数中设置网关、目的网段掩码、目的网段如图 11.9-77 所示，注意，目的网段中填写的为与平台 IP 地址为同一网段的其他地址。

图 11.9-77 路由配置

（5）在参数设置→参数配置 2 中的事件上传参数中添加修改平台的 IP 地址及各平台的权限（一般权限 1~4 都勾选）和端口号（一般为 8800），其中权限 1 为 104 事件实时上传的功能；权限 2~4 为服务代理远程调阅和修改配置的功能。

分组号与组内优先级：主要实现与平台通信时的主备功能，如图 11.9-78 所示，网络安全监测装置同时只与同一组号内的一个平台通信并上传事件；当一个通道中断自动

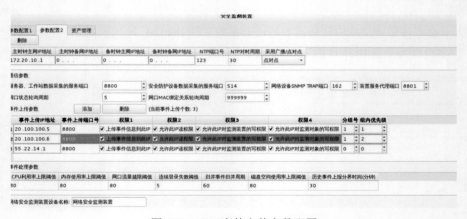

图 11.9-78 事件上传参数配置

206

切换至另一通道；同一组号内优先与优先级低的通信；当优先级别一致时先连接上的通信，其他备用。

（6）确认参数设置→参数配置 2 内的通信参数和事件处理参数设置值正确，完成参数配置，点击保存即可。通信参数和事件处理参数没有特殊说明保证如图 11.9-79 的默认值即可。

1）通信参数：服务器、工作站数据采集服务端口 8800，安防设备数据采集端口 514，网络设备 SNMP Trap 端口 162，装置服务代理端口 8801，网口状态轮询周期 5（单位：s，一般不需要修改，用于与交换机通信），网口 MAC 绑定关系轮询周期（单位：s，用于与交换机通信，变电站一般不绑定 MAC 可以尽量改大一点）。

2）事件处理参数：CPU 利用率、内存使用率、网口流量预先、磁盘空间使用率阈值为 80，连续登录失败阈值 5，历史事件上报分界时间 30。

（7）网络安全监测装置名称，填写的网安装置的名称为实时事件上送时报文中网安的名称（与资产中网安名称无关，但两者基本保持一致）。可以根据平台要求填写。

9. 扩展功能配置

扩展功能主要包括选择性抑制上传和白名单设置两方面。

（1）选择性抑制上传。网络安全监测装置可以现场用户需求按每个通道下每一个资产进行不同的选择性上传配置，具体方法如下：

1）在主界面内 IED 下的通道列表找到与平台实时通信的通道连接，在此连接下挂了一个逻辑模块如 L104006。

2）在此逻辑模块上右键，选择资产采集事件设置，打开资产采集事件设置界面，如图 11.9-79 所示。

图 11.9-79 资产采集事件设置

3）在资产采集事件设置界面中列出了网安装置所有的资产设备，以及各资产的事件采集列表，可以根据需要设置每个资产的每一个事件是否上传（其中发送等级和是否归并在此处设置功能没有开放，发送等级和是否归并是在总配置文件 Dcdconfig.cfg、Hostsconfig.cfg、Swjhiconfig.cfg、AnFangconfig.cfg 中设置），如图 11.9－80 所示。设置完成后点击确定即可，每一个逻辑模块会根据所配生成一个扩展名为.cfg 的文件如 L104006.cfg，注意浙江版程序缺少该文件事件都不上传。

资产采集事件设置

	设备类型	事件名称	发送等级	是否上传	是否归并
1	网络设备:交换机	配置变更	一般	上传	不归并
2	网络设备:交换机	网口UP	重要	上传	不归并
3	网络设备:交换机	网口DOWN	重要	上传	不归并
4	网络设备:交换机	网口流量超过阈值	重要	上传	归并
5	网络设备:交换机	交换机上线	一般	上传	不归并
6	网络设备:交换机	交换机离线	重要	上传	不归并
7	网络设备:交换机	登录成功	一般	上传	不归并
8	网络设备:交换机	退出登录	一般	上传	不归并
9	网络设备:交换机	登录失败	一般	上传	不归并
10	网络设备:交换机	修改用户密码	一般	上传	不归并
11	网络设备:交换机	用户操作信息	一般	上传	不归并
12	网络设备:交换机	端口未绑定MAC地址	重要	上传	不归并

资产列表（推送本资产配置到所有同类资产）：主机列表、监控主机、监控主机1、防火墙列表、防火墙、隔离装置列表、正向隔离装置、交换机列表、站控层交换机A网、站控层交换机B网、安全监测装置列表、网络安全监测装置。

图 11.9－80　事件上传配置

归并算法：每天首次产生则立即发送一条，后定时（如 15min，可配置）发送有变化（指重复次数累加）的事件。

注意：如果现场用户没有特殊说明，可以以上总的配置文件发送等级与是否归并按照规范要求配置，是否上送全部选择上送，然后在逻辑模块的配置文件中按照具体的要求选择是否上送（如果总的配置文件选择不上送，无论逻辑模块的配置文件怎么配置都不会上送），如果用户需要修改发送等级和是否归并需要修改总的配置文件（逻辑模块的配置文件发送等级和是否归并功能没有开放，同一类的所有装置的所有通道设置相同，不能区分）。

4）按照以上方法配置每一个平台、每一个资产的选择性上传功能。

5）如果资产采集事件设置窗口无法打开或配置界面事件名称乱码，处理方法参照以下资产采集事件设置窗口无法打开或出现乱码。

（2）白名单设置。白名单包括网络连接白名单和服务端口白名单两种。

1）网络连接白名单设置：网络连接白名单文件为 whitelist.txt，可以在打开文件手动修改，可以单个地址设置，也可以网段设置。如图 11.9－81 所示。

白名单设置原则一般包括 3 个方面：① 与平台通信（TCP 协议，可以单个地址填写，端口号可以设置为 0 表示任意）；② 与监测对象通信（包括 TCP 和 UDP 协议，网段设置地址包含站控层所有装置的地址，端口号设置为 0 表示任意）；③ 维护网安装置的地址（协议为 tcp，可以网段设置地址，端口号设置为 0 表示任意）。

2）服务端口白名单：服务端口白名单文件为 portlist.txt。程序中打开的服务端口一般也不需要进行修改。如图 11.9−82 所示。

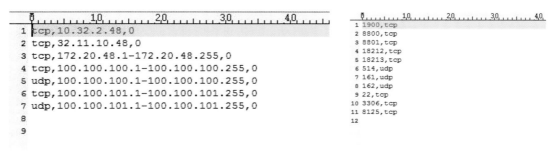

图 11.9−81 网络连接白名单设置　　　　　　图 11.9−82 服务端口白名单

10. 文件传输

通过以上步骤完成参数配置之后，只需要再将参数下载到装置内重启装置，即可生效。

（1）点击文件传输输入正确的用户名和密码，打开文件传输的界面，如图 11.9−83 所示。

图 11.9−83 文件传输

（2）选择←打包下装至装置，可以将所有的参数全部下装到装置内。

（3）如果需要备份装置内的参数可以选择打包上装至 PC 机→，可以将装置内所有的参数上装到电脑虚拟机的 dat 文件夹内。

注意：如果是不同装置的参数，在文件传输前需要将 dat 文件夹内的参数全部删除，防止不同的参数相互间造成影响。

11. 重启装置

文件下装到装置内需要重启才能生效, 重启有两种方式:

图 11.9-84 重启进程

（1）装置断电重启。

（2）热启动, 点击进程管理, 进入进程管理界面选择重启进程执行即可, 如图 11.9-84 所示。

重启装置后, gatewaytools 工具退出需要重新连接登录。

12. 通信测试

（1）与监测对象的通信。

1）可以通过参数设置→资产配置中查看资产的通信是否正常, 如图 11.9-85 所示, 网络安全监测装置自身的资产显示中断为正常状态。

图 11.9-85 检查资产通信状态

2）监测对象可以模拟事件, 在数据查询→实时事件内能否实时查询到该事件, 如图 11.9-86 所示。

图 11.9-86 实时事件查询

3）如果有监测对象中有交换机，需要在数据查询→交换机各网口状态查询中，查看交换机的网口状态是否正常显示，如图 11.9-87 所示。

图 11.9-87　交换机网口状态查询

如果网口状态无法正常显示，但是有实时事件上送，造成的原因为：① SNMP V2/V3 版本交换机和网安装置设置不符；② 交换机 SNMP 参数设置未生效需重新设置。

（2）与平台的通信。

1）与平台的通信包括事件能否实时上传和平台能否远方调阅、修改配置，这需要平台配合查看。

2）事件能否实时上传可以通过数据查询→历史事件查看历史库的上送时间，先期进行判断。设置装置类型、事件级别、事件采集时间，点击条目查询、记录查询。显示结果如图 11.9-88 所示，上送时间显示未上送表示事件未上传，事件上传平台时上送时间会打上时标，因此上送时间显示时标表示与平台实时上传（IEC104h）功能正常。

图 11.9-88　历史事件查询

3）报文查询：网络安全监测装置可以通过工具查看与平台通讯的参数，在主界面的 IED 右键选择装置事件设置，选择通道可以查看实时报文。

13. 告警消缺

当将所有的监测对象全部接入、通信调试正常，并且与平台接入正常、事件实时上传，此时网络安全监测装置调试工作也基本结束。

在正式调试结束之前，需要装置运行一段事件，查看实时事件窗口是否存在不正常告警或者频繁发出的告警事件，如果存在，需要检查事件发出的原因，消除此类告警。如图 11.9－89 所示。

紧急类告警：如果出现紧急类告警，必须要消除此类告警，主要是外联事件，造成的主要原因是网络连接白名单设置不合理（以网段的方式修改白名单）。

频繁发出的告警：检查发出原因，通过参数设置和屏蔽功能消除此类告警。

如端口未绑定 MAC 地址，可以在参数设置→参数配置 2 中将网口 MAC 绑定关系轮询周期尽量改长。

	点号	事件等级	发生时间	设备标识	设备类型	事件类型	事件子类型	事件内容	事件设备IP
1	17	一般	2018-08-10 04:18:00.562	DF_II_DCD	DCD	5:行为监视	1:本机管理界面登录成功	Oper 192.168.4.99	11.137.20
2	17	一般	2018-08-10 04:17:35.922	DF_II_DCD	DCD	5:行为监视	1:本机管理界面登录成功	Oper 192.168.4.99	11.137.20
3	17	一般	2018-08-10 04:15:27.368	DF_II_DCD	DCD	5:行为监视	1:本机管理界面登录成功	Oper 192.168.4.99	11.137.20
4	18	一般	2018-08-10 04:14:42.165	DF_II_DCD	DCD	5:行为监视	2:本机管理界面退出登录	Admin 192.168.4.99	11.137.20
5	17	一般	2018-08-10 04:14:39.458	DF_II_DCD	DCD	5:行为监视	1:本机管理界面登录成功	Admin 192.168.4.99	11.137.20
6	18	一般	2018-08-10 04:13:53.457	DF_II_DCD	DCD	5:行为监视	2:本机管理界面退出登录	Admin 192.168.4.99	11.137.20
7	6	紧急	2018-08-10 04:13:09.201	DF_II_DCD	DCD	5:行为监视	25:外联事件	TCP 192.168.4.110 53165 192.168.4.100 22	11.137.20
8	6	紧急	2018-08-10 04:12:37.868	DF_II_DCD	DCD	5:行为监视	25:外联事件	TCP 192.168.4.110 53165 192.168.4.100 22	11.137.20
9	6	紧急	2018-08-10 04:12:31.191	DF_II_DCD	DCD	5:行为监视	25:外联事件	TCP 192.168.4.110 53125 192.168.4.100 22	11.137.20
10	16	重要	2018-08-10 04:12:08.431	DF_II_DCD	DCD	5:行为监视	9:对时异常	IRIG-B no signal	11.137.20
11	16	重要	2018-08-10 04:11:34.910	DF_II_DCD	DCD	5:行为监视	9:对时异常	SNTP nosignal	11.137.20
12	1	一般	2018-08-10 04:11:23.986	DF_II_DCD	DCD	5:行为监视	15:系统登录成功	sysadmin00 192.168.4.110	11.137.20
13	11	重要	2018-08-10 04:11:19.000	II区主交换机	SW	1:安全事件	8:端口未绑定MAC地址	408.538.568.57	33.104.14

图 11.9－89　告警查询

14. 参数备份

网络安全监测装置调试完成，在离开现场前需要完成现场备份主要包括参数、证书、程序 3 个方面。

（1）参数。通过 winSCP 工具将参数 dat 文件夹（/home/dfe001/rtupara）下载到电脑留档。

（2）程序。通过 winSCP 工具将程序 rturun（/home/dfe001）下载到电脑留档。

（3）证书。将东方电子发的 DevCert.req 装置证书请求文件、私钥文件 SK.key、调度提供的装置证书文件 DevCert.cer 和平台的证书文件 platform.cer 备份留档，最好同时备份 siec104.txt 文件。

在参数备份过程中，因为参数中有很多加密文件，直接备份虚拟机中的 dat 文件夹，文件处于加密状态，通过 winscp 工具下载到装置内是无法正常运行的。因此参数备份可以通过 winscp 工具直接备份装置内的 dat 文件夹或者打开维护软件 gatewaytools 的文件传输界面，将加密文件解密后在备份 dat 文件夹。

11.9.5.2 常见问题及解决方法

1. 历史库清除

通过 winSCP 工具连接到网络安全监测装置，历史库文件为存放在/home/ dfe001/ rtupara/db 目录下扩展名为.db 的文件，清除历史库只需将.db 文件删除即可，如图 11.9－90 中的 Logic002.db、journal.db 文件。一般新装置调试需要将之前的历史库文件清除。

/home/dfe001/rtupara/db/				
名字 ▲	大小	已改变	权限	拥有者
..		2019-5-31 09:32:57	rwxrwxrwx	root
COMTRADE		2019-5-31 09:32:20	rwxrwxrwx	root
dyn		2019-5-31 09:32:20	rwxrwxrwx	root
rturun		2019-5-31 09:32:20	rwxrwxrwx	root
dat.tar.gz	166 KB	2019-6-3 11:41:53	rw-r--r--	root
id.txt	1 KB	2019-5-31 11:23:20	rwxrwxrwx	sysad...
journal.db	488 KB	2019-6-3 14:46:51	rwxrwxrwx	root
Logic002.db	4,956 KB	2019-6-3 14:46:50	rwxrwxrwx	root
mac.txt	1 KB	2019-6-3 11:41:47	rwxrwxrwx	root

图 11.9－90　历史文件

2. gatewaytools 工具 debug 模式查看参数

正常情况下，gatewaytools 工具需要连接到网安装置才可以查看和配置参数，但为了方便 gatewaytools 工具具备了 debug 模式，可以在不连接网安装置的情况下查看参数。

进入 debug 模式方法：进入 gatewaytools 文件下，增加一个 debug.tmp 文件，然后运行 gatewaytools 即可。如图 11.9－91 所示。

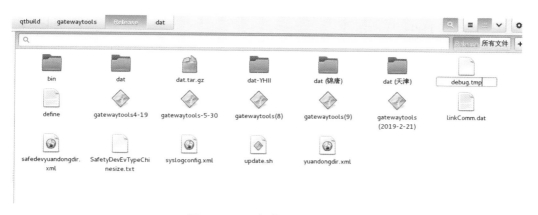

图 11.9－91　切换 debug 模式

退出 debug 模式方法：进入 gatewaytools 文件下，删除 debug.tmp 文件或将 debug.tmp 文件修改为其他名字，即可退出 debug 模式，gatewaytools 需要正常连接装置才可查看参数。

3. 用户名密码恢复默认设置

在不知道已运行装置的用户名和密码的情况下需要登录装置，可以通过以下方法将用户名密码恢复默认设置。

（1）通过 winSCP 工具连接到网络安全监测装置，进入参数目录/home/dfe001/rtupara/dat。

（2）用户名密码存放的文件为 SafeDevUsers.dat，将此文件删除，即可恢复到默认。删除此文件前需要保证 gatewaytools 没有打开。如图 11.9-92 所示。

名字	大小	已改变	权限	拥有者
netcard	1 KB	2019-5-29 13:10:58	rwxrwxrwx	sysad...
portlist.txt	1 KB	2018-11-21 15:57:43	rwxrwxrwx	sysad...
portlist.txt~	1 KB	2018-11-21 15:57:43	rwxrwxrwx	sysad...
protocol	1 KB	2019-5-29 13:10:58	rwxrwxrwx	sysad...
R_moban.mb	1 KB	2018-11-21 15:57:43	rwxrwxrwx	sysad...
route	1 KB	2019-5-29 13:10:58	rwxrwxrwx	sysad...
rstnote.bak	2,049 KB	2019-6-3 14:20:36	rwxr-xr-x	root
rstnote.txt	388 KB	2019-6-3 14:50:06	rwxr-xr-x	root
RunInfo.Dat	1 KB	2019-6-3 11:41:50	rwxr-xr-x	root
SafeDevUsers.dat	2 KB	2019-6-3 14:34:07	rwxr-xr-x	root
safestatistics	5 KB	2019-5-29 13:10:58	rwxrwxrwx	sysad...
siec104	1 KB	2019-5-21 15:12:24	rwxrwxrwx	sysad...
siec104_0a20b151.txt	1 KB	2019-5-21 15:12:24	rwxrwxrwx	sysad...
siec104_0a200d1e.txt~	1 KB	2018-11-21 15:57:41	rwxrwxrwx	sysad...
siec104_200d0a51.txt	1 KB	2019-5-21 15:13:45	rwxrwxrwx	sysad...
siec104_20160a1e.txt	0 KB	2018-11-21 15:57:43	rwxrwxrwx	sysad...
siec104_be650122.txt~	1 KB	2018-11-21 15:57:40	rwxrwxrwx	sysad...
Swjhiconfig.cfg	2 KB	2018-11-21 15:57:42	rwxrwxrwx	sysad...
syslogconfig.xml	2 KB	2018-11-21 15:57:40	rwxrwxrwx	sysad...
User001.dar	1 KB	2018-11-21 15:57:45	rwxrwxrwx	sysad...
User003.dar	1 KB	2019-5-28 13:44:48	rwxrwxrwx	sysad...
User006.dar	1 KB	2019-5-28 13:44:48	rwxrwxrwx	sysad...

图 11.9-92　密码目录文件

（3）重新运行 gatewaytools，连接装置提示用户数据恢复为默认值，如图 11.9-94 所示，此时表示用户名密码恢复为默认。点击 OK 确认，然后点击 ESC 键刷新直至出现登录界面。如图 11.9-93 所示。

（4）输入默认的用户名和密码，默认的用户名为系统管理员 Admin，审计员 Auditor，操作员 Oper，密码都为 Dfe@1234，界面提示为初始口令，需要修改为其他密码再登录。如图 11.9-94 所示。

注意，修改默认用户的密码首先需要修改 Admin，然后再修改 Auditor 和 Oper。

图 11.9-93　恢复默认用户

图 11.9-94　修改口令

（5）修改 Admin 的口令，再修改 Oper（Auditor 可以根据需要修改），使用新密码登录操作界面。如图 11.9−95 所示。

密码复杂度要求大写字母、小写字母、数字、特殊字母至少包含其中 3 种，长度不少于 8 位。

注意，修改的用户名密码都是修改装置内运行的参数文件，为保证装置内的参数与电脑本地的参数一致，在进行其他参数配置前，需要将装置的参数上传到电脑本地的 dat 文件夹内。

4. 建立和删除维护连接

建立维护连接的方法：在参数设置→参数配置 1 的左下角输入维护 IP 地址，点击建立维护连接，提示建立成功，点击保存即可，如图 11.9−96 所示。

图 11.9−95　登录操作界面

注意，建立的维护 IP 地址必须与网络安全监测装置其中某一网卡的 IP 地址在同一网段内，否则会建立失败。

	网卡名称	网卡IP地址	网卡子网掩码	扫描间隔			目的网段	目的网段掩码
1	eth0	32.119.83.46	255.255.255.0	90		1	10.32.2.254	255.255.255.0
2	eth1	32.68.67.46	255.255.255.0	90		2	32.11.10.254	255.255.255.0
3	eth2	192.168.3.110	255.255.255.0	90				
4	eth3	192.168.4.110	255.255.255.0	90				
5	eth4	192.168.5.100	255.255.255.0	90				
6	eth5	192.168.2.6	255.255.255.0	90				
7	eth6	172.20.47.1	255.255.255.0	90				
8	eth7	172.20.48.1	255.255.255.0	90				

维护连接

建立维护连接成功！

确定

192.168.2.99　建立维护连接　删除维护连接

图 11.9−96　建立维护连接

删除维护连接的方法：在参数设置→参数配置 1 的左下角输入需要删除的已存在维护 IP 地址，点击删除维护连接，提示删除成功，点击保存即可。

注意，一般连接平台的网口不需要维护连接及因修改网卡参数而造成维护 IP 地址和网口 IP 地址不在同一网段内，在此两种情况下维护 IP 地址需要删除，然后重新建立。

5. 资产删除

在老参数基础上修改旧有的资产需要删除重新添加，删除资产具有两种方法：

（1）单个资产删除。在参数设置→资产配置中选择需要删除的资产，点击删除按钮，确认保存即可。如图 11.9−97 所示。

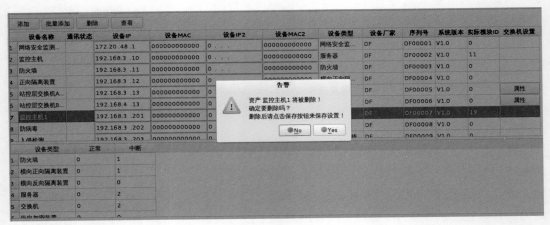

图 11.9−97　删除资产

（2）资产列表整体删除。此方法是将所有的资产一次全部删除主要用于新设备调试，具体方法是将参数内的资产文件 asset.cfg 删除即可，资产文件 asset.cfg 在正常时是加密的，只有在文件传输时才会显示出来，因此在删除资产文件 asset.cfg 前需要打开文件传输界面。如图 11.9−98 所示。

图 11.9−98　文件传输

加密的文件还有 route.cfg 路由参数文件、netcard.cfg 网卡参数文件、protocol.cfg 配置参数文件、agent.txt 平台服务代理文件（平台公钥）、iec104.txt 平台 104 实时上送事件文件（装置私钥、公钥和平台公钥）。

6. 用户管理

网络安全监测装置增加、删除用户只能通过系统管理员进行操作，系统管理员用户名 Admin，密码恢复默认为 Dfe@1234（现场修改）。

（1）使用系统管理员登录网络安全监测装置，进入系统管理员操作界面。

（2）点击用户操作→选择用户管理，如图 11.9－99 所示。

图 11.9－99　用户操作

（3）打开用户管理界面，如图 11.9－100 所示，可以添加、删除用户，可以选择用户右键重置口令、解除锁定和设置权限。

重置口令：不可以修改其他用户的口令，只能重置默认口令 Dfe@1234。

解除锁定：口令连续输入 5 次失败被锁定后可以通过此功能解锁。

设置权限：主要针对操作员。

图 11.9－100　用户管理

7. 监测对象参数管理

通过监测对象参数管理可以通过 gatewaytools 工具修改主机、服务器的一些参数配置，如网络连接白名单、服务端口白名单、关键文件/目录、存在光驱设置检测周期、非法端口检测周期、危险操作命令清单。具体方法如下：

（1）在数据查询→监控对象参数管理，选择类型如网络连接白名单，控制对象 IP 填写监测对象的 IP 地址，点击查看即可查看。如图 11.9-101 所示。

图 11.9-101　查看白名单

（2）如果需要修改，可以在查看到的内容基础上修改，将查看到的数据复制到具体内容内，修改完成后点击设置即完成修改，可以点击查看修改结果。如图 11.9-102 所示。

图 11.9-102　修改白名单

（3）修改失败时注意检查，网络安全监测装置的时间与主机服务器的时间是否一致，当时间误差大于 30s 时，无法修改。

8. 告警窗口事件汉化

历史事件和实时事件窗口显示的事件，事件类型和子类型只显示数字没有具体的汉化名称，如图 11.9-103 所示。

	点号	事件等级	发生时间	设备标识	设备类型	事件类型	事件子类型	事件内容	事件设备IP(A网)	厂商名称	重复次
1	12	重要	2019-06-03 15:18:51.544	DF_II_DCD	DCD	5	4	14.1 10.0	32.192.70.46	DFE	1
2	12	重要	2019-06-03 15:17:39.675	DF_II_DCD	DCD	5	4	14.8 10.0	32.192.70.46	DFE	1
3	12	重要	2019-06-03 15:17:34.621	DF_II_DCD	DCD	5	4	10.5 10.0	32.192.70.46	DFE	1
4	12	重要	2019-06-03 15:17:29.569	DF_II_DCD	DCD	5	4	13.2 10.0	32.192.70.46	DFE	1
5	17	一般	2019-06-03 15:17:24.980	DF_II_DCD	DCD	5	1	Oper 172.20.48.65	32.192.70.46	DFE	1
6	12	重要	2019-06-03 15:17:24.495	DF_II_DCD	DCD	5	4	24.2 10.0	32.192.70.46	DFE	1
7	12	重要	2019-06-03 15:17:19.438	DF_II_DCD	DCD	5	4	21.4 10.0	32.192.70.46	DFE	1
8	12	重要	2019-06-03 15:17:13.362	DF_II_DCD	DCD	5	4	20.6 10.0	32.192.70.46	DFE	1
9	12	重要	2019-06-03 15:17:11.338	DF_II_DCD	DCD	5	4	14.0 10.0	32.192.70.46	DFE	1
10	12	重要	2019-06-03 15:17:04.251	DF_II_DCD	DCD	5	4	10.5 10.0	32.192.70.46	DFE	1
11	12	重要	2019-06-03 15:17:00.208	DF_II_DCD	DCD	5	4	11.7 10.0	32.192.70.46	DFE	1
12	18	一般	2019-06-03 15:16:58.587	DF_II_DCD	DCD	5	2	Oper 172.20.48.65	32.192.70.46	DFE	1
13	12	重要	2019-06-03 15:16:55.144	DF_II_DCD	DCD	5	4	11.7 10.0	32.192.70.46	DFE	1
14	12	重要	2019-06-03 15:16:50.089	DF_II_DCD	DCD	5	4	11.5 10.0	32.192.70.46	DFE	1
15	12	重要	2019-06-03 15:16:45.036	DF_II_DCD	DCD	5	4	12.5 10.0	32.192.70.46	DFE	1

图 11.9-103 告警窗口事件汉化

解决方法：检查 gatewaytools 同一目录下是否存在 SafetyDevEvTypeChinesize.txt，文件的格式是否是 UTF-8 格式，如果只是其中的某一条或几条事件没有汉化，可能 SafetyDevEvTypeChinesize.txt 汉化文件里的内容不全，需要更新。

9. 资产采集事件设置窗口无法打开或出现乱码

资产采集事件设置关联以下 4 个配置文件：Dcdconfig.cfg 网络安全监测装置配置文件；Hostsconfig.cfg 主机、服务器配置文件；Swjhiconfig.cfg 交换机配置文件；AnFangconfig.cfg 安防设备（防火墙、隔离装置）配置文件。

窗口打开提示错误：如图 11.9-104 所示，原因是电脑本地的参数 dat 文件夹内缺少提示的配置文件，将缺少的配置文件加到 dat 文件夹内即可。

图 11.9-104 窗口打开提示错误

资产采集事件设置窗口出现乱码：如果资产采集事件设置窗口某种装置类型配置界面的事件名称出现乱码如图 11.9-105 所示，造成的原因是改类型的配置文件编码格式不是 UTF-8。将配置文件编码格式改为 UTF-8 即可恢复正常。

修改配置文件的编码格式：打开文件，选择保存或另存为，格式设置为 UTF-8 保存即可，如图 11.9-106 所示。

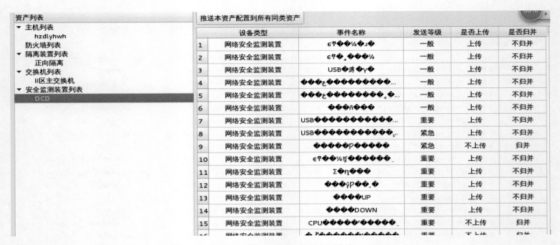

图 11.9-105　资产采集事件设置窗口乱码

图 11.9-106　保存配置文件

10. 通过 tcpdump 工具截取网口报文

当现场调试遇到监测对象连接有误或者对上平台通信不正常，需要截取网口的报文方便问题分析，可以使用 tcpdump 工具截取报文。如图 11.9-107 所示。

（1）通过 winscp 文件传输工具，将 tcpdump 程序下载至网安装置的/home/dfe001/目录下。

（2）通过 putty 等登录网安装置查看 tcpdump 权限，如果没有无运行权限，需要通过 chmod+x tcpdump 命令增加可执行权限。

（3）执行命令截取报文，如截取网卡 1 的报文，可以执行./tcpdump-i eth1-w theth1-s0（其中 eth1 表示网卡 1，theth1 是报文存放文件的名称），如果现场没有 Root

```
localhost login: sysadmin00
Password:
Last login: Mon Jun  3 15:32:41 on tty50
[sysadmin00@localhost ~]$
[sysadmin00@localhost ~]$ cd /home/dfe001
[sysadmin00@localhost dfe001]$ ls -l
total 21760
-rwxrwxrwx 1 root      root          35 May 31 09:32 common.rule
-rwxrwxrwx 1 root      root         664 May 31 09:32 getmac
drwxrwxrwx 2 root      root        4096 May 31 09:32 nwsrc
drwxrwxrwx 6 root      root        4096 May 31 09:32 rtupara
-rwxrwxrwx 1 sysadmin00 sysadmins 10261800 May 30 10:42 rturun
-rwxrwxrwx 1 root      root    10359320 May 31 09:32 rturun1
-rwxrwxrwx 1 root      root       90232 May 31 09:32 rtuwatch
-rwxrwxrwx 1 root      root           0 May 31 09:32 securityusb
-rw-r--r-- 1 root      root     1342808 May 31 09:32 tcpdump
-rwxrwxrwx 1 root      root       71328 May 31 09:32 updatertu
drwxrwxrwx 2 root      root        4096 May 31 09:32 versioncheck
-rwxrwxrwx 1 root      root       70440 May 31 09:32 yywatchdogmain
[sysadmin00@localhost dfe001]$ sudo chmod +x tcpdump
[sudo] password for sysadmin00:
[sysadmin00@localhost dfe001]$ sudo ./tcpdump -i eth1 -w theth1 -s0
[sudo] password for sysadmin00:
[14085.118045] device eth1 entered promiscuous mode
tcpdump: listening on eth1, link-type EN10MB (Ethernet), capture size 262144 bytes
```

图 11.9－107　使用 tcpdump 工具截取报文

权限，在命令前需要加 sudo（sudo./tcpdump－i eth1－w theth1－s0）。然后就可以传到电脑使用 wireshark 等工具查看报文了。

11. 参数中加密文件的操作

在参数中有很多加密文件：config.ini、asset.cfg、AnFangconfig.cfg、netcard.cfg、protocol.cfg、route.cfg、guibing.gb、dangercmd.list、agent.txt、m_host.txt、siec104.txt、safestatistics.txt、login.dat、SafeDevUsers.dat。

以上文件经过加密后，文件名为各自文件去掉扩展名，内容同时也是经过加密的没办法看到，网安装置也是不能直接使用的。

虚拟机中的 dat 参数文件夹中存放的事加密后的文件，网安装置内使用的是不经过加密的文件，加密的文件网安装置是没办法使用的。

gatewaytools 维护软件在下载参数时将文件传输的界面打开时，此时将 dat 参数中所有的加密文件进行解密后，再下载进网安装置内运行，因此网安装置内的参数时没有加密的。

保存此类文件都是为了保存加密文件，因此首先需要解密，不能直接保存虚拟机 dat 文件夹内的文件，可以保存网安装置内的文件或者将 gatewaytools 维护软件的文件传输界面打开，加密文件解密后再保存文件。

当需要替换虚拟机 dat 文件夹内的加密文件时，首先需要将 gatewaytools 维护软件的文件传输界面打开，将加密文件解密后，再将文件拷入 dat 文件夹内替换原有文件。如果先拷入文件，在下载参数时打开文件传输界面，将加密文件解密时会将拷入的文件替换而造成拷入文件失败。

12. 通过 Syslog 的方式接入交换机

网络设备（交换机）按照公司规范，是通过 SNMP 协议采集信息，但是因为现场有很多交换机并不支持 SNMP 协议，所以 DF－1911S 网安装置同时兼容交换机以 Syslog 的方式上传信息。网安以 syslog 的方式接入交换机需要注意以下几点：

（1）网口的状态无法读取，即在数据查询中的交换机网口状态查询中无法显示网口状态，网口状态是 SNMP 协议主动查询的。

（2）现场交换机接入，优先选择 SNMP 协议，在无法满足的情况下可以通过 Syslog 接入，但并不保证所有的事件都能接入，因为需要交换机发送的 Syslog 报文中有关键字可以将事件予以区分，Syslog 报文并没有统一的规范。

（3）通过 Syslog 接入交换机，需要接收交换机每条事件做出的报文，具体分析每条报文，解析其中的关键字和关键内容。

交换机 Syslog 采集的配置方法（已经截取有效报文的前提下）如下：

（1）检查 gatewaytools 维护软件的同一目录下配置文件 SafetyDevEvTypeChinesize.txt 是否存在，SafetyDevEvTypeChinesize.txt 文件中的交换机部分是否包含 Syslog 的内容（每条事件后面的英文内容），如图 11.9-108 所示。

```
#B.2.3.2 网络设备：交换机
<SW>
#事件级别 事件类型 汉化 事件子类型 汉化
@ EvLevel EvType EvTypeChina EvSubType EvSubTypeChina
4 0 行为监视 1 MAC地址绑定关系变更（配置变更） ConfigChanged time port MacAddr vlanNum
4 0 行为监视 2 交换机上线 SwitchOnLine time content
4 0 行为监视 3 登录成功 LoggedInOK time user ip
4 0 行为监视 4 退出登录 LoggedOut time user ip
4 0 行为监视 5 登录失败 LoggedInFailed time user ip
4 0 行为监视 6 修改用户密码 UserPasswordChanged time logUser ip userchanged
4 0 行为监视 7 用户操作信息 UserOperationInfo time logUser ip command
2 1 安全事件 1 网口UP NetWorkCardUp time ethno
2 1 安全事件 2 网口DOWN NetWorkCardDown time ethno
2 1 安全事件 3 网口流量超过阈值 NetFlowOverValue time port usingValue setValue
2 1 安全事件 4 交换机离线 SwitchOffLine time content
2 1 安全事件 5 端口未绑定MAC地址 PortUnBoundMAC time ports
#
```

图 11.9-108　Syslog 内容

（2）在维护软件的主界面 IED 右键选择"交换机事件采集配置"，打开配置值界面，如图 11.9-109 所示。

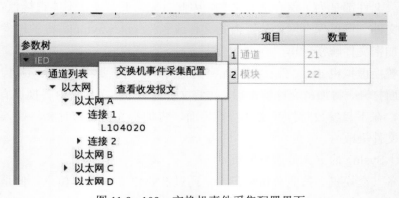

图 11.9-109　交换机事件采集配置界面

（3）根据截取的报文，选择下拉菜单，设置每条事件的配置内容，以"登录成功"为例，如图 11.9-110 所示。

图 11.9-110　交换机事件采集配置

（4）单击"添加按钮"，系统自动设置提取内容，如图 11.9-111 所示。

图 11.9-111　添加交换机事件采集配置

（5）双击关键字输入框，输入用来检索的关键字字符串，依次输入设备厂商、对应提取内容的起始字符串、结束字符串，设置对应提取内容的查找顺序（以"＜189＞Jan 1 00：03：04 2011 H3C%%10WEB/5/LOGIN：admin logged in from 192.168.1.194"为例），如图 11.9-112～图 11.9-114 所示。

图 11.9-112　检索关键字字符串 1

图 11.9-113　检索关键字字符串 2

交换机采集事件设置

行为监视.登录成功

提取内容3	起始字符串3	结束字符串3	查找顺序3	提取内容4	起始字符串4	结束字符串4	查找顺序4
1 ip	logged in fr...	\0	从前向后				从前向后

添加　删除　保存　退出

图 11.9-114　检查关键字字符串 3

Syslog message：LOCAL7.NOTICE：Jan　6 22：35：01 2013 H3C%%10SHELL/5/ SHELL_LOGIN：tzwh logged in from 198.120.0.211.\000

Syslog message：LOCAL7.NOTICE：Jan　6 22：35：11 2013 H3C%%10SHELL/5/ SHELL_LOGOUT：tzwh logged out from 198.120.0.211.\000

Syslog message：LOCAL7.INFO：Jan　6 22：36：26 2013 H3C%%10LLDP/6/ LLDP_CREATE_NEIGHBOR：Nearest bridge agent neighbor created on port Ethernet1/0/11 （IfIndex 11），neighbor's chassis ID is d8cb-8af4-25e7，port ID is d8cb-8af4-25e7.\000

Syslog message：LOCAL7.WARNING：Jan　6 23：01：53 2013 H3C%%10SHELL/4/ SHELL_CMD_MATCHFAIL：-User=**-IPAddr=**；Command password tzwh1234 in view luser-manage-tzwh failed to be matched.\000

Syslog message：LOCAL7.WARNING：Jan　6 23：21：33 2013 H3C%%10SHELL/4/ SHELL_CMD_MATCHFAIL：-User=**-IPAddr=**；Command password tzwh in view luser-manage-tzwh failed to be matched.\000

Syslog message：LOCAL7.INFO：Jan　6 23：22：10 2013 H3C%%10SHELL/6/ SHELL_CMD：-Line=aux0-IPAddr=**-User=**；Command is local-user tzwh2\000

Syslog message：LOCAL7.INFO：Jan　6 23：22：15 2013 H3C%%10SHELL/6/

SHELL_CMD：－Line＝aux0－IPAddr＝∗∗－User＝∗∗；Command is undo password\000

　　Syslog message：LOCAL7.NOTICE：Jan　6 23：51：55 2013 H3C%%10LOGIN/5/ LOGIN_FAILED：y failed to log in from 198.120.0.211.\000

其中，对应提取内容起始字符串和结束字符串输入完成后，在输入的字符串下出现下划线以明显显示出字符串前后的空格；查找顺序不同，起始字符串和结束字符串应互换；结束字符串为空的，必须输入"\0"，此时不支持从后想先的查找顺序。

（6）依次完成其他事件的设置，单击"保存"，在参数 dat 文件夹内会生成 syslogconfig.xml 文件，将文件下载到装置内重启生效即可。

13. 平台远程调阅历史库乱码

平台通过服务代理可以远程调阅查看历史库信息，如果平台远程调阅的历史库信息内容为乱码，可能是因为更换程序造成的，拷机将之前的历史库信息应一起拷入到新的装置内。解决方案：清除之前的历史库文件，重新生成历史库文件后再通知平台远程调阅即可。历史库文件为存放在/home/dfe001/rtupara/db 目录下扩展名为.db 的文件，使用 winSCP 工具登录到以上目录，删除.db 文件即可。

14. 平台经过网关对网安 NTP 对时

网络安全监测装置可以通过 B 码对时，也可以通过 NTP 网络对时，通常情况下 NTP 是经过站内局域网对时（网安与 NTP 源在同一网段，在参数设置→参数设置 2－NTP 参数中添加 NTP 源的 IP 地址即可，最多可以添加 4 个地址）。

当变电站内现场无卫星钟或卫星钟源已坏情况下，可以通过调度的 NTP 对时源对网安装置进行对时，此时 NTP 对时源的 IP 地址与网安不在同一网段，需要经过网关。

设置方法：

（1）在参数设置→参数设置 2－NTP 参数中添加 NTP 源 IP 地址，如图 11.9－115 所示。

参数配置1	参数配置2	资产管理					
NTP参数							
主时钟主网IP地址	主时钟备网IP地址	备时钟主网IP地址	备时钟备网IP地址	NTP端口号	NTP对时周期(s	采用广播/点对点	
33.11.0 .4	0 . . .	0 . . .	0 . . .	123	30	点对点	▼

图 11.9－115　添加 NTP 源 IP 地址

（2）在参数设置→参数设置 1－路由参数中添加网关、目的网段掩码、目的网段（与 NTP 对时源在同一网段），具体的设置方法与平台参数的设置方法类似，如图 11.9－116 所示。

（3）在参数设置→参数设置 1 的左下角中建立一个维护连接（地址为 NTP 对时源的 IP 如 33.11.0.4 与 NTP 参数对应），如图 11.9－117 所示。

图 11.9-116　添加路由

图 11.9-117　建立维护连接

图 11.9-118　用户被锁定

15. 用户被锁定（连续 5 次密码错误）

当用户名密码连续输入错误超过设定值时（默认为 5 次），会提示非法登录，用户被锁定如图 11.9-118 所示，无法登录。

出现以上情况，解除锁定的方法有两种：

（1）等待自动解锁时间（默认为 20min），时间到了自动解锁。

（2）手动解锁，使用系统管理员登录维护软件（如 Admin），选择用户操作→用户管理，进入用户管理界面，选择锁定的用户右键，点击解除锁定即可。如图 11.9-119 所示。

图 11.9-119　手动解锁

226

16. 装置操作系统密码时间超时处理方法

在 2018 年 11 月之前，网安装置按照规范，操作系统用户名的密码设有 90 天的有效期，超过 90 天，密码需要重置，但这样现场重置密码不统一，不利于之后的维护，可以按照以下方法进行处理。

系统密码超时现象：现场通过超级终端等工具登录网安装置，输入正确的用户名、密码，提示需要更换密码，如图 11.9-120 所示，表示密码已过期，需要更换。

```
Fedora 23 (Server Edition)
Kernel 4.1.35-g2018-04-20-dee2dd1 on an ppc64 (ttyS0)

Admin Console: https://172.20.48.1:9090/ or https://[::1]:9090/

localhost login: sysadmin00
Password:
You are required to change your password immediately (password aged)
Changing password for sysadmin00.
(current) UNIX password:
```

图 11.9-120　更换密码

处理方法一：

（1）在已知道网安的 IP 地址和维护 IP 地址的情况下，可以通过维护软件使用 Admin 用户登录网安装置，如图 11.9-121 所示，如果维护软件的密码也过期了，可以根据提示修改新的密码，然后登录。

（2）进入时钟管理界面，利用对钟功能，将网安装置时间超前改（例如可以改为 2018 年 8 月 1 日，时间必须是出厂时间之后的 90 天以内），此时就可以使用之前的用户名密码登录网安的系统。如图 11.9-122 所示。

图 11.9-121　密码修改提示

图 11.9-122　时钟修改

（3）输入正确的用户名密码登录系统，输入命令 sudo chage-M 7200 sysadmin00（7200 代表改用户密码自创建使用期限为 7200 天），将 sysadmin00 密码的使用期限改长，如图 11.9-123 所示，然后再将网安的时间改回正常时间即可。

```
[sysadmin00@localhost ~]$
[sysadmin00@localhost ~]$
[sysadmin00@localhost ~]$ sudo chage -M 7200 sysadmin00
[sudo] password for sysadmin00:
[sysadmin00@localhost ~]$
```

图 11.9-123　设置密码使用期限

处理方法二：

在不知道网安的 IP 地址和维护 IP 时，无法通过维护软件修改网安的时间，可以通过 Console 口连接装置，重启按回车进入 U-Boot 界面，如图 11.9-124 所示。

（1）输入密码：axposf1@yy（或 b5c57d0b@yy），进入 =>。

（2）输入命令 run ramboot，进入 MBFT186A login。

```
Please input U-Boot password:
Please input U-Boot password:
Please input U-Boot password:
=> run ramboot
```

图 11.9-124　进入 u-Boot 界面

（3）输入用户 yy 密码 yy，进入 MBFT186A#，如图 11.9-125 所示。

```
[   13.765839] fsl_dpa fsl,dpaa:ethernet@4 eth3: Link is Down
[   13.787041] fsl_dpa fsl,dpaa:ethernet@2 eth4: Link is Down
[   14.059117] fsl_dpa fsl,dpaa:ethernet@1 eth6: Link is Down
[   16.818198] igb 0002:01:00.0 eth8: igb: eth8 NIC Link is Up 1000 Mbps Full Duplex, Flow Control: RX
[   17.769653] fsl_dpa fsl,dpaa:ethernet@4 eth3: Link is Up - 1Gbps/Full - flow control rx/tx
[   20.109368] nf_conntrack: automatic helper assignment is deprecated and it will be removed soon. Use the iptables CT t

MBFT186A login: yy
Password:
MBFT186A #
```

图 11.9-125　进入 MBFT186A#

（4）利用命令 date 修改系统时间，如将时间修改为 2018 年 8 月 1 日（时间必须是出厂时间之后的 90 天以内），date-s 2018-10-15，然后输入命令 hwclock-w 将系统时间同步到 BIOS，重启装置，如图 11.9-126 所示。

```
MBFT186A login: yy
Password:
MBFT186A # date -s 2018-10-15
Mon Oct 15 00:00:00 UTC 2018
MBFT186A # date
Mon Oct 15 00:00:04 UTC 2018
MBFT186A # hwclock -w
MBFT186A #
```

图 11.9-126　修改系统时间

（5）利用原来已知的用户名、密码登录系统，利用命令 sudo chage-M 7200 sysadmin00 将用户 sysadmin00 的密码使用期限改长即可，最后将时间恢复到正常时间。

（6）可以进入打开文件/etc/shadow 查看用户密码设置的有效时间（sudo cat/etc/shadow），如图 11.9-127 所示。

```
nginx:!!:17355:::::::
redis:!!:17357:::::::
mysql:!!:17430:::::::
sysadmin00:$6$e8D6dk98$VQWLlFwSBtbMad6Qk9cQFVACFOpltpp1ppIGjjPnOqu6E8R.qlftgTRpuydavNKelrLXHwiAkqeK3qf2D6Ttk/:17981:0:7200:7:::
audadmin00:$6$O2sVtLPv$jHypJVBnOE8gB7FJILHbdJExgUOKwoVqrwvb9IWhH/aWYyUR/ijOKOVoDzXoigwVvfbGfWJuXB7eJUv62ykZi0:17724:0:90:7:::
oper00:$6$b9JQwNEh$gMPx1WzetoVVUlQ7AMEhkmen5695JmCLNzTb7FGBIBRJfM42YORDygFv74CSH8h5AdCVsczmXyaSSjO6V.DML1:17724:0:90:7:::
[sysadmin00@localhost ~]$
```

图 11.9 – 127　查看用户密码有效时间

11.9.6　常见问题及解决办法

（1）设备接入原有的站内监控网络，因不熟悉站内网络结构、IP 地址分配，具有造成环网与 IP 冲突的风险。

提前联系调度，做好主站通道数据的封锁防范；由监控厂家统一 IP 地址分配；在设备接入网络前提前测试网络内是否存在设备 IP。

（2）现场部分设备采用 VXwoks 等嵌入式系统或设备操作系统已被裁剪，不具备接入条件。

此类设备暂缓接入，等待下次设备改造。

（3）主机类设备 AGENT 部署。原则上由各自监控厂家提供 AGENT 探针软件并部署，但是保信、五防、故障录波的厂家起步较晚，还未开发出来。同时一些老旧的设备无法安装 AGENT 探针软件。

以各自自主开发的 AGENT 软件为第一方案，其次选用网络安全监测装置的开发的软件。但一台主机只能安装一家的软件，不能重复安装。对于无法安装的老旧设备，暂缓接入，等待下次改造。

（4）防火墙不支持标准格式规范的协议。防火墙发出的日志格式不符合规范要求，难以进行接入。

首先协调防火墙厂家进行软件升级以满足要求，其次由防火墙厂家提供 Syslog 的格式转换库，安全监测厂家集成到装置内。

（5）因现场不必要的业务、监测对象网络白名单设置不合理、现场工程调试等原因，造成大量的告警信息上传平台。

关闭不需要的业务，装置网络白名单按照变电站内 IP 地址网段设置，接入平台前先进行本地消缺在进行接入（尤其是新站可在全站调试验收后再正式接入）。

（6）监测对象不满足公司规范要求。

通过软硬件升级满足要求；升级不能满足的设备，更换为满足公司规范的装置（新站建议购买经过公司测试满足要求的厂家设备）；现有设备可以采集部分信息的，可以不用更换，其他信息暂缓接入；对于老旧设备无法更换的，可以暂缓接入，等待改造。

（7）现场交换机不支持接入网安。

方法一：根据要求暂不接入或者更换交换机（同时不支持 SNMP 和 Syslog 协议）。

方法二：现场交换机网线接入较多，同时不能造成装置的通信中断，可以在原有网络的基础上新增站控层交换机（支持 SNMP），待之后逐步替换原有交换机。

（8）Syslog 日志与 SNMP 协议的区别。

1）Syslog 日志可以采集网口 UP/DOWN 事件，但是无法显示网口状态。

2）交换机在离线状态并不是通过 Ping 的方式，而是通过读取网口状态进行判断的，因此 Syslog 是无法判断交换机在线的（华为、华三的交换机支持部分 SNMP 协议）。

（9）交换机 MAC 地址绑定关系是网安装置主动询问，但是变电站站控层交换机基本上不绑定 MAC 地址，造成此告警循环上报。

1）选择性上传抑制。

2）延长轮询周期。

（10）网络白名单设置注意事项。

站内 IP 地址网段设置，站内 IP 包含全面（注意 B 网的 IP 地址）。

注意 0 的特殊含义的应用（TCP，0，3300 与 TCP，10.1.1.1，3300）。

（11）端口白名单设置注意事项。

0～1023 固定服务，1024 到 65535 随机服务；端口号 0～1023 以内可以逐个设置（灵活设置），1024～65535 可以成段设置。

0 表示任意的意思，各厂家、各 AGENT 监测软件版本对于 0 的应用并不完全相同，没有统一的标准，现场设置需要根据各自软件版本灵活设置。

（12）远方修改网络白名单注意事项。

1）时间误差 30s 以内。平台时间、网络安全监测装置时间、主机时间，主要难点为老站主机一般没有对时（或与远动机 NTP 对时），甚至一些现场没有卫星钟。

现场对时：依次选择 B 码对时—平台 NTP 对时—站内 NTP 对时。

2）白名单格式：各厂家、各版本的 AGENT 软件白名单具体的格式会有所区别（如 0 的应用），要参照原有的白名单格式进行修改设置。

（13）网络外联事件模拟事件方法。

方法一：通过笔记本电脑 Telnet、SSH 连接监控主机（Windows 不方便）。

方法二：修改网络白名单（最方便的方法），注意调试结束后需要恢复。

（14）网络安全监测装置与监测装置通信异常。

1）通过 Ping 的方式检查网络安全监测装置与监测对象的网络是否正常。

2）检查网络安全监测装置与监测对象的参数配置，包括自身/对侧 IP 地址与端口号设置，交换机还需要核实 SNMP 版本是否一致，团体名（V2）、用户名和密码（V3）是否一致。

3）监测对象触发告警事件，网络安全监测装置截取报文，查看报文是否符合规范。

（15）网络安全监测装置接受监测对象告警事件信息异常。

1）检查网络安全监测装置与监测对象是否通信正常。

2）确认监测对象是否产生事件。

3）通过网络安全监测装置截取报文分析监测装置是否发出事件报文，以及报文的结构是否符合规范（主机 AGENT、防火墙和隔离装置是否符合 31992 告警规范，交换机 SNMP 协议是否符合公私 MIB 库）。

（16）网络安全监测装置与平台通信异常。

1）检查确认调度数据网关于网安的策略是否正确开放。

2）网络安全监测装置与平台 IP 地址是否可以 Ping 通。

3）检查网安装置与平台通信的权限和主备链路是否设置正确。

4）检查网络与平台通信的端口号设置是否正确，并且相应的端口是否正常开放。

5）通过与平台的报文检查装置证书与平台证书是否正确（91 报文平台验证装置证书，92 报文装置验证平台证书），如果证书错误需要查看相应的证书配置是否正确。

6）如果还是无法正常通信，通过网络安全监测装置截取报文，确认问题所在。

（17）监测对象发生事件，网络安全管理平台无法收到事件告警或者收到的事件告警不正确。

1）查看安全监测装置是否采集到正确的事件。

2）检查网络安全监测装置与该平台地址通信是否正常，有无收发报文，注意核实主备链路是否正确，以及该地址平台的权限是否正确。

3）检查该平台地址通道下的告警选择性抑制该事件配置是否选择上送。

4）如果以上检查没有问题，通过网络安全监测装置抓取网络报文，分析报文内容格式是否符合规范。

（18）网络安全监测管理平台调阅安全监测装置的历史事件出现乱码。

新站安装更换程序后，将之前的历史库文件删除。

（19）网络安全监测管理平台服务代理可以查看配置但是无法修改。

1）首先需要检查网络安全监测装置与平台的时间误差是否在 30s 以内（如果修改监测对象配置还需要核实网安与主机的时间误差是否也在 30s 以内）。

2）核实网络安全监测装置内下载的平台的证书是否正确。

3）确认该平台地址的权限设置是否正确。

4）如果以上都没有问题，可以通过网络安全监测装置抓取网络报文，检查报文是否符合规范。

附录 A 厂站电力监控系统网络安全监测装置部署调研表

厂站 名称	监控系 统厂商		厂站 类型	□变电站 □发电厂	电压等级		
I／Ⅱ区网络是否可达		□是 □否		所属调控机构	□国调 □网调 □省调 □地调		
物理 空间	调度数据网屏柜剩余 U 位			调度数据网屏柜与站控层、涉网部分设备距离			
				□同一机房，距离最长者米 □不同机房，距离最长者米			
网络 拓扑							
	厂商	型号	内网 IP 地址	所在 屏柜	操作系统	操作系 统位数	操作系统 版本号	网络通信情况（包括网络协议、本机是 服务端或客户端、服务端口、对端 IP）
主机 设备						□32 位 □64 位		例：TCP 服务端，端口 22，对端 IP：1.1.1.1
						□32 位 □64 位		例：TCP 服务端，端口 22，对端 IP：1.1.1.1
						□32 位 □64 位		例：TCP 服务端，端口 22，对端 IP：1.1.1.1
	厂商	型号	内网 IP 地址	所在 屏柜	所在 安全区	支持 SNMP 协 议情况	网络设备 固件版本	是否能进行升级以满足规范定义的日志 格式要求
网络 设备					□Ⅰ区 □Ⅱ区	□V2c □V3 □不支持		□是 □否
					□Ⅰ区 □Ⅱ区	□V2c □V3 □不支持		□是 □否
					□Ⅰ区 □Ⅱ区	□V2 □V3 □不支持		□是 □否
	厂商	型号	内网 IP 地址	所在 屏柜	所在 安全区	是否满足日志规范		
安全 防护 设备					□Ⅰ区 □Ⅱ区	□是 □否		
					□Ⅰ区 □Ⅱ区	□是 □否		
					□Ⅰ区 □Ⅱ区	□是 □否		

附录 B　厂站电力监控系统网络安全监测装置部署方式单

厂站名称		电压等级		厂站类型		
第一套接入网业务 IP 地址		第一套接入网子网掩码		第一套接入网上联交换机端口		安全 I 区
第二套接入网业务 IP 地址		第二套接入网子网掩码		第二套接入网上联交换机端口		
第一个主站平台骨干网业务 IP 地址		第一个主站平台骨干网子网掩码		第一个主站平台证书名称		
第二个主站平台骨干网业务 IP 地址		第二个主站平台骨干网子网掩码		第二个主站平台证书名称		
监测装置证书名称						
第一套接入网业务 IP 地址		第一套接入网子网掩码		第一套接入网上联交换机端口		安全 II 区
第二套接入网业务 IP 地址		第二套接入网子网掩码		第二套接入网上联交换机端口		
第一个主站平台骨干网业务 IP 地址		第一个主站平台骨干网子网掩码		第一个主站平台证书名称		
第二个主站平台骨干网业务 IP 地址		第二个主站平台骨干网子网掩码		第二个主站平台证书名称		
监测装置证书名称						
第一个主站配合调试人员		联系电话				
第二个主站配合调试人员		联系电话				
编制人		批准人			年　月　日	

注意事项：监测装置必须按指定的上联交换机端口接入，严禁接入其他端口。

附录 C　厂站监控系统主机各类操作系统 AGENT 支持情况汇总表

（截至 2018 年 7 月 20 日）

序号	操作系统	位数	操作系统版本	各厂商 AGENT 支持情况
1	凝思	64 位	凝思 6.0.60	支持：凝思
2	麒麟	64 位	麒麟 3.0	支持：麒麟、积成电子
3			麒麟 3.2	支持：麒麟
4	Windows	64 位	Windows 7	支持：北京科东、南瑞信通、东方电子、东方京海
5			Windows10	支持：东方电子
6			Windows server2003	兼容：南瑞信通
7			Windows server2008	支持：北京科东、南瑞信通、珠海鸿瑞、东方京海
8			Windows XP	兼容：南瑞信通
9		32 位	Windows 7	兼容：南瑞信通
10			Windows10	兼容：东方电子
11			Windows server2003	支持：北京科东、南瑞信通、东方京海
12			Windows server2008	兼容：南瑞信通
13			Windows XP	支持：北京科东、南瑞信通、东方电子、东方京海
14	Redhat	64 位	RedHat5.0	兼容：南瑞信通
15			RedHat5.1	兼容：南瑞信通
16			RedHat5.2	兼容：南瑞信通
17			RedHat5.3	兼容：南瑞信通
18			RedHat5.4	兼容：南瑞信通
19			RedHat5.5	兼容：南瑞信通、南瑞继保
20			RedHat5.6	支持：北京科东、南瑞信通 兼容：南瑞继保
21			RedHat5.7	兼容：南瑞信通、南瑞继保
22			RedHat5.8	支持：南瑞继保、东方京海 兼容：北京科东、南瑞信通
23			Redhat5.9	支持：东方京海 兼容：北京科东、南瑞信通、南瑞继保
24			Redhat5.10	兼容：南瑞继保
25			Redhat5.11	兼容：南瑞继保
26			RedHat6.0	兼容：南瑞信通、南瑞继保、东方电子
27			RedHat6.1	兼容：南瑞信通、南瑞继保、东方电子
28			RedHat6.2	兼容：南瑞信通、南瑞继保、东方电子

序号	操作系统	位数	操作系统版本	各厂商 AGENT 支持情况
29			RedHat6.3	支持：珠海鸿瑞 兼容：南瑞信通、南瑞继保、东方电子
30			Redhat6.4	支持：北京科东 兼容：南瑞信通、南瑞继保、东方电子、珠海鸿瑞
31			RedHat6.5	支持：南瑞继保、东方电子、东方京海、积成电子 兼容：北京科东、南瑞信通、珠海鸿瑞
32			Redhat6.6	支持：东方京海 兼容：南瑞信通、东方电子、珠海鸿瑞
33			RedHat6.7	兼容：南瑞信通、东方电子、珠海鸿瑞
34		64 位	RedHat6.8	支持：南瑞信通 兼容：北京科东、东方电子、珠海鸿瑞
35			RedHat6.9	兼容：南瑞信通、珠海鸿瑞
36			Redhat7.1	兼容：北京科东、北京四方
37			Redhat7.2	支持：北京科东
38			Redhat7.4	兼容：北京科东
39	Redhat		Redhat5.1	兼容：上海思源
40			Redhat5.2	兼容：上海思源
41			Redhat5.3	兼容：上海思源
42			Redhat5.4	兼容：上海思源
43			Redhat5.5	兼容：上海思源
44			Redhat5.6	支持：上海思源
45			RedHat5.8	兼容：东方京海
46			RedHat5.9	支持：北京四方 兼容：上海思源、东方京海
47		32 位	RedHat5.10	兼容：东方京海
48			RedHat6.1	兼容：东方京海
49			RedHat6.2	兼容：东方京海
50			RedHat6.3	兼容：上海思源、东方京海
51			RedHat6.4	兼容：北京四方、上海思源
52			RedHat6.5	支持：许继电气 兼容：上海思源、东方京海
53			Redhat6.6	支持：积成电子 兼容：上海思源、东方京海
54			Redhat6.7	兼容：东方京海
55			RedHat6.8	支持：上海思源 兼容：东方京海

序号	操作系统	位数	操作系统版本	各厂商 AGENT 支持情况
56	Debian	64 位	Debian6.0	支持：北京科东、南瑞信通
57			Debian7.0	支持：南瑞信通
58			Debian7.4	支持：北京科东
59			Debian8.0	支持：北京科东、南瑞信通
60			Debian9.0	支持：南瑞信通
61			Debian9.3	支持：北京科东
62		32 位	Debian5.0	支持：长园深瑞、国电南自、许继电气
63			Debian8.1	支持：长园深瑞、上海思源
64	CentOS	64 位	CentOS5.0	兼容：南瑞信通
65			CentOS5.1	兼容：南瑞信通
66			CentOS5.2	兼容：南瑞信通
67			CentOS5.3	兼容：南瑞信通
68			CentOS5.4	兼容：南瑞信通
69			CentOS5.5	兼容：南瑞信通、南瑞继保
70			CentOS5.6	兼容：南瑞信通、南瑞继保
71			CentOS5.7	兼容：南瑞信通、南瑞继保
72			CentOS5.8	支持：南瑞继保 兼容：南瑞信通
73			CentOS5.9	兼容：南瑞信通、南瑞继保
74			CentOS5.10	兼容：南瑞继保
75			CentOS5.11	兼容：南瑞继保
76			CentOS6.0	兼容：南瑞信通、南瑞继保、珠海鸿瑞
77			CentOS6.1	兼容：南瑞信通、南瑞继保、珠海鸿瑞
78			CentOS6.2	兼容：南瑞信通、南瑞继保、珠海鸿瑞
79			CentOS6.3	兼容：南瑞信通、南瑞继保、珠海鸿瑞
80			CentOS6.4	兼容：南瑞信通、南瑞继保、珠海鸿瑞、东方京海
81			CentOS6.5	支持：北京科东、南瑞信通、南瑞继保、东方京海 兼容：珠海鸿瑞
82			CentOS6.6	兼容：北京科东、南瑞信通、珠海鸿瑞、东方京海
83			CentOS6.7	兼容：南瑞信通、珠海鸿瑞
84			CentOS6.8	兼容：南瑞信通、珠海鸿瑞、东方京海
85			CentOS6.9	支持：珠海鸿瑞 兼容：北京科东、南瑞信通
86			CentOS7.0	兼容：长园深瑞
87			CentOS7.2	支持：北京科东

续表

序号	操作系统	位数	操作系统版本	各厂商 AGENT 支持情况
88	CentOS	64 位	Centos7.3	支持：长园深瑞 兼容：北京科东
89			Centos7.4	兼容：北京科东
90		32 位	CentOS6.4	兼容：东方京海
91			CentOS6.5	兼容：东方京海
92			CentOS6.6	兼容：东方京海
93			CentOS6.8	兼容：东方京海
94	Ubuntu	64 位	Ubuntu8.04	支持：北京科东、南瑞信通
95			Ubuntu10.04	支持：北京科东、南瑞信通
96			Ubuntu12.04	支持：北京科东、南瑞信通、东方京海 兼容：国电南自
97			Ubuntu12.04.1	兼容：国电南自
98			Ubuntu12.04.2	兼容：国电南自
99			Ubuntu12.04.3	支持：国电南自
100			Ubuntu12.04.4	兼容：国电南自
101			Ubuntu12.04.5	兼容：国电南自
102			Ubuntu14.04	支持：北京科东、南瑞信通
103		32 位	Ubuntu12.04	支持：国电南自 兼容：东方京海
104			Ubuntu16.04	支持：上海思源
105	Solaris	64 位	Solaris10u10	支持：北京四方
106			Solaris10u11	支持：南瑞信通
107		32 位	Solaris10u8	支持：长园深瑞
108			Solaris10u10	支持：上海思源、许继电气
109			Solaris11.0	兼容：长园深瑞
110			Solaris11.2	支持：长园深瑞

附录 D 厂站电力监控系统网络安全监测装置部署验收卡

表 D1   **设 备 及 功 能 检 查**

序号	验收项目	验收标准或要求	验收情况	备 注
1	装置接口检查	电源接线、网线等连接应牢固、可靠、无松动，接线正确	□通过 □未通过	
		电缆标牌制作美观，标识齐全、清晰	□通过 □未通过	
		通信网络接头制作工艺符合要求	□通过 □未通过	
		通信网线标牌正确、清晰	□通过 □未通过	
2	装置接地检查	装置外壳可靠接地，接地线和接地点符合规范要求	□通过 □未通过	
		电缆屏蔽层可靠接地	□通过 □未通过	
3	电源回路检查	电源空气开关与主机实际接入要求一致	□通过 □未通过	
		双电源应接自不同的直流电源设备	□通过 □未通过	
		电源空气开关级差符合要求	□通过 □未通过	
		双电源切换检查	□通过 □未通过	
4	设备功能性要求检查	网络拓扑	□通过 □未通过	
		104 仿真测试功能	□通过 □未通过	
		主站事件信息或触发信息过滤功能（可设置）	□通过 □未通过	
		装置外设接入调试软件人机交互功能检查（要求汉化版本）	□通过 □未通过	
		软件版本核对	□通过 □未通过	
		同步时钟对时情况（具备 SNTP 对时）	□通过 □未通过	
5	AGENT 程序部署情况	监控系统服务器或工作站	□通过 □未通过	
		站控层交换机	□通过 □未通过	
		防火墙	□通过 □未通过	

结论：□通过 □未通过   现场工作负责人：

表 D2　　　　　　　　　　　网络安全监测装置自身监测功能测试

序号	验收项目	验收标准或要求	验收情况	备　注
1	登录成功	登录监测装置，通过管理平台能够查看登录信息	□通过 □未通过	触发方式
2	退出登录	退出监测装置，通过管理平台能够查看退出信息	□通过 □未通过	触发方式
3	登录失败	输入错误登录信息，通过管理平台能够查看登录失败事件	□通过 □未通过	触发方式
*4	USB 设备插入	插入 USB 设备到装置，通过管理平台能够查看到 USB 插入事件记录	□通过 □未通过	触发方式
*5	USB 设备拔出	拔出 USB 设备，通过管理平台能够查看到 USB 拔出事件记录	□通过 □未通过	触发方式
*6	网络外联事件	使用笔记本电脑远程连接装置，该笔记本电脑 IP 不在变电站网段中，通过管理平台能够查看到网络外联事件记录	□通过 □未通过	触发方式
7	装置硬件故障	模拟装置故障，装置断电，通过管理平台能够查看到设备离线事件记录	□通过 □未通过	触发方式
8	装置电源故障	装置单电源运行，通过管理平台能够查看到设备单电源故障事件记录	□通过 □未通过	触发方式

结论：□通过　□未通过　　　　　　　　　现场工作负责人：

表 D3　　　　　　　　　　　　主机类监测功能测试

序号	验收项目	验收标准或要求	验收情况	备　注
*1	登录失败	主机类设备输入错误登录密码达到规定次数，装置人机界面记录及主站端管理平台告警均正确	□通过 □未通过	触发方式
*2	USB 设备插入	插入 USB 设备到主机类设备，装置人机界面记录及主站端管理平台告警均正确	□通过 □未通过	触发方式
*3	USB 设备拔出	拔出 USB 设备，装置人机界面记录及主站端管理平台告警均正确	□通过 □未通过	触发方式
*4	网络外联事件	使用笔记本电脑 SSH 远程连接主机，该笔记本电脑 IP 不在变电站网段中，装置人机界面记录及主站端管理平台告警均正确	□通过 □未通过	触发方式

结论：□通过　□未通过　　　　　　　　　现场工作负责人：

表 D4　　　　　　　　　　　　交换机监测功能测试

序号	测试内容	验收标准或要求	验收情况	备　注
*1	配置变更	修改交换机配置，装置人机界面记录及主站端管理平台告警均正确	□通过 □未通过	触发方式
*2	修改用户名密码	修改交换机用户名密码，装置人机界面记录及主站端管理平台告警均正确	□通过 □未通过	触发方式
*3	MAC 绑定关系	修改 MAC 绑定关系，装置人机界面记录及主站端管理平台告警均正确	□通过 □未通过	触发方式

结论：□通过　□未通过　　　　　　　　　现场工作负责人：

表 D5   **防火墙监测功能测试**

序号	测试内容	验收标准或要求	验收情况	备注
*1	修改策略	修改防火墙策略，装置人机界面记录及主站端管理平台告警均正确	□通过 □未通过	触发方式
*2	电源故障	防火墙单电源运行，装置人机界面记录及主站端管理平台告警均正确	□通过 □未通过	触发方式
*3	不符合安全策略的访问	使用防火墙策略IP范围外的电脑进行访问业务，装置人机界面记录及主站端管理平台告警均正确	□通过 □未通过	触发方式
*4	攻击告警	主机发送命令：Ping－l length（length略高于防火墙设定值）到防火墙，装置人机界面记录及主站端管理平台告警均正确	□通过 □未通过	触发方式

结论：□通过 □未通过   现场工作负责人：

表 D6   **隔离装置监测功能测试**

序号	测试内容	验收标准或要求	验收情况	备注
*1	不符合安全策略的访问	在正/反向隔离装置配置接收端口为6666，协议为UDP，目的IP为192.169.0.2，使用隔离装置测试软件进行如下测试： （1）向192.169.0.2的端口7777发送UDP包； （2）向192.169.0.1的端口6666发送UDP包； （3）向192.169.0.2的端口6666发送UDP包。 装置人机界面记录及主站端管理平台告警均正确	□通过 □未通过	触发方式
*2	修改策略	修改策略1.修改协议2.修改IP 3.修改端口，装置人机界面记录及主站端管理平台告警均正确	□通过 □未通过	触发方式

结论：□通过 □未通过   现场工作负责人：

表 D7   **装置接入平台功能检查**

序号	测试内容	测试项	验收标准或要求	验收情况	备注
*1	平台资产在线测试	装置状态查询	[信通平台]模型管理—资产管理，显示装置为在线状态，即正常。 [北京科东]安全监视—平台监视—厂站装置监视，显示装置在线状态，即正常	□通过 □未通过	
*2	装置告警事件上传测试	告警信息显示	[信通平台]安全监视—厂站监视—厂站告警，查看装置上报告警信息，即正常。 [北京科东]安全监视—告警监视，查看装置上报告警信息，即正常	□通过 □未通过	
*3	远程信息调阅测试	采集信息调阅	[信通平台]安全监视—厂站监视—厂站调阅—点击所选择装置对应的"采集信息调阅"按钮—点击"调阅"，有信息显示，即正常。 [北京科东]厂站管理—采集信息—选择装置—点击查询，返回查询成功，并有信息显示，即正常	□通过 □未通过	
*4		上传事件调阅	[信通平台]安全监视—厂站监视—厂站调阅—点击所选择装置对应的"上传事件调阅"按钮－点击"调阅"，有告警事件信息，即正常。 [北京科东]厂站管理—上传事件—选择装置—点击查询，返回查询成功，并有告警事件信息，即正常	□通过 □未通过	

续表

序号	测试内容	测试项	验收标准或要求	验收情况	备　注
*5		资产配置	［信通平台］安全监视—厂站监视—厂站调阅—点击所选择装置对应的"配置管理"按钮—选择"资产参数配置"，可添加、删除、编辑及查看装置的资产，即正常。 ［北京科东］厂站管理—配置管理—资产配置—选择装置，可添加、删除、编辑及查看装置的资产，即正常	□通过 □未通过	
6		网卡配置	［信通平台］安全监视—厂站监视—厂站调阅—点击所选择装置对应的"配置管理"按钮—选择"网卡参数配置"，可添加、删除、编辑及查看装置的网卡配置，即正常。 ［北京科东］厂站管理—配置管理—网卡配置—选择装置，可添加、删除、编辑及查看装置的网卡配置，即正常	□通过 □未通过	
7		路由配置	［信通平台］安全监视—厂站监视—厂站调阅—点击所选择装置对应的"配置管理"按钮—选择"路由参数配置"，可添加、删除、编辑及查看装置的路由配置，即正常。 ［北京科东］厂站管理—配置管理—路由配置—选择装置，可添加、删除、编辑及查看装置的路由配置，即正常	□通过 □未通过	
8	远程配置管理测试	NTP 配置	［南瑞信通］安全监视—厂站监视—厂站调阅—点击所选择装置对应的"配置管理"按钮—选择"NTP 参数配置"，可编辑及查看装置的 NTP 配置，即正常。 ［北京科东］厂站管理—配置管理—NTP 配置—选择装置，可编辑及查看装置的 NTP 配置，即正常	□通过 □未通过	
9		通信配置	［南瑞信通］安全监视—厂站监视—厂站调阅—点击所选择装置对应的"配置管理"按钮—选择"通信参数配置"，可编辑及查看装置的通信配置，即正常。 ［北京科东］厂站管理—配置管理—通信配置—选择装置，可编辑及查看装置的通信配置，即正常	□通过 □未通过	
*10		事件处理配置	［南瑞信通］安全监视—厂站监视—厂站调阅—点击所选择装置对应的"配置管理"按钮—选择"事件处理参数配置"，可修改 CPU 利用率上限阈值、内存使用率上限阈值、网口流量越限阈值、连续登录失败阈值、磁盘空间使用率上限阈值，即正常。 ［北京科东］厂站管理—配置管理—通信配置—选择装置，可修改 CPU 利用率上限阈值、内存使用率上限阈值、网口流量越限阈值、连续登录失败阈值、磁盘空间使用率上限阈值，即正常	□通过 □未通过	
11	远程升级测试	远程升级	［南瑞信通］安全监视—厂站监视—厂站调阅—点击所选择装置对应的"软件升级"按钮，上传正确装置版本，升级成功，即正常。 ［北京科东］厂站管理—软件升级，上传正确装置版本，升级成功，即正常	□通过 □未通过	

续表

序号	测试内容	测试项	验收标准或要求	验收情况	备　注
*12		网络连接白名单	［南瑞信通］安全监视—厂站监视—厂站调阅—点击所选择装置对应的"查看监控对象参数"按钮，选择"网络连接白名单"，点击"查看"，可修改装置自身—网络连接白名单修改成功，即正常。 ［北京科东］厂站管理—监测对象，可修改装置自身—网络连接白名单修改成功，即正常	□通过 □未通过	
*13	监控对象配置管理	服务端口白名单	［南瑞信通］安全监视—厂站监视—厂站调阅—点击所选择装置对应的"查看监控对象参数"按钮，选择"服务端口白名单"，点击"查看"，可修改装置自身的服务端口白名单修改成功，即正常。 ［北京科东］厂站管理—监测对象，可修改装置自身的服务端口白名单修改成功，即正常	□通过 □未通过	
14		危险操作命令清单	［南瑞信通］安全监视—厂站监视—厂站调阅—点击所选择装置对应的"查看监控对象参数"按钮，选择"危险操作命令清单"，点击"查看"，可修改装置自身的危险操作命令清单修改成功，即正常。 ［北京科东］厂站管理—监测对象，可修改装置自身的危险操作命令清单修改成功，即正常	□通过 □未通过	

结论：□通过　□未通过　　　　　　　　　　　　　现场工作负责人：

表 D8　　　　　　　　设 备 接 入 情 况 汇 总

设备大类	设备名称	MAC 地址	IP 地址	操作系统版本或软件版本	是否已接入监测装置	未接入监测装置原因（未接入设备填写）	计划接入装置时间（未接入设备填写）
主机设备							
网络设备							
安全防护设备							

结论：接入　　台，未接入　　台；　　　　　　　　现场工作负责人：

总体验收结论：

测试结果：□通过　□未通过　　　　　　测试人员：　　　　　　测试日期：

附录 E　厂站电力监控系统网络安全监测装置部署"五提醒"

　　厂站网络安全监测装置部署"五提醒"包括以下几个方面：

　　（1）对时。需保证厂站监测装置时间与主站平台、与监测对象时间相差 30s 之内。

　　（2）证书。需保证厂站监测装置所需证书、厂站主机设备 AGENT 所需证书、主站平台所需证书正确。

　　（3）端口。需保证厂站监测装置与监测对象、与主站平台通信所需端口正常通信。

　　（4）白名单。需保证监测对象白名单设置符合正常业务需求且包括自身采集事件上传通信需求，无高危服务或端口。

　　（5）告警。需保证监测装置无重要及以上告警后再接入主站平台，现场调试人员应利用监测装置的本地图形化管理 UI 界面（现场监视功能），观察告警情况。装置接入主站调试期间，调控机构人员应在平台将该监测装置置"检修"状态，完成接入后取消。

参 考 文 献

[1] 杨浩. 电力监控系统网络入侵与安全防护 [M]. 成都：电子科技大学出版社，2018.

[2] 陈国平，李明节，陶洪铸. 电力监控系统网络安全防护培训教材 [M]. 北京：中国电力出版社，
2017.

[3] 李正茂. 网络隔离理论与关键技术研究 [D]. 上海：同济大学，2016：1－82.

[4] 李曼. 电力监控系统网络安全态势感知与预测研究 [J]. 信息安全与技术，2017，8（10）：60－62.

[5] 林丹生，梁智强，吴一阳. 考虑网络安全防护的电力监控系统 BS 架构的设计与研究 [J]. 自动化
与仪器仪表，2017（12）：103－106.

[6] 陈国平，李明节，陶洪铸. 电力监控系统网络安全防护培训教材 [M]. 北京：中国电力出版社，
2017.

[7] 沈昌祥. 用可信计算构筑网络安全 [J]. 求是，2015，（20）：33－34.

[8] 金波. 电力行业信息安全等级保护测评 [M]. 北京：中国电力出版社，2013.

[9] 姜成斌，郑薇，赵亮，等. 论漏洞扫描技术与网络安全 [J]. 中国信息界，2012，（3）：58－62.

[10] 蔡皖东. 网络信息安全技术 [M]. 北京：清华大学出版社，2015.

[11] 陈晟. 电力监控系统的网络隔离措施研究 [J]. 企业技术开发月刊，2015，（8）：90－91.

[12] 于晓聪，秦玉海. 恶意代码调查技术 [M]. 北京：清华大学出版社，2014.

[13] 高昆仑，辛耀中，李钊，等. 智能电网调度控制系统安全防护技术及发展 [J]. 电力系统自动化，
2015，39（10）：48－52.

[14] 高昆仑，王志皓，安宁钰，等. 基于可信计算技术构建电力监测控制系统网络安全免疫系统[J]. 工
程科学与技术，2017，49（2）：28－35.

[15] 安宁钰，徐志博，周峰. 可信计算技术在全球能源互联网信息安全中的应用 [J]. 电力信息与通
信技术，2016，14（3）：84－88.

[16] 吴英. 网络安全技术教程 [M]. 北京：机械工业出版社，2015.

[17] 张明德. PKI/CA 与数字证书技术大全 [M]. 北京：电子工业出版社，2015.

[18] 薛静峰，祝烈煌. 入侵检测技术 [M]. 北京：人民邮电出版社，2016.

[19] 沈昌祥，公备. 基于国产密码体系的可信计算体系框架 [J]. 密码学报，2015，2（5）：381－389.

[20] 何杨欢，周波才. 本质安全 DCS 隔离站技术和工控数据采集中的应用[J]. 当代石油化工，2013，
9（1）：30－33.

[21] 基于可信计算技术构建电力监测控制系统网络安全免疫系统 [J]. 四川大学学报（工程科学版），
2017，49（2）：28－35.

［22］ 连礼泉，吴鹏，胡罡．基于多网闸的安全数据交换系统设计与实现［J］．电脑知识与技术．2018（16）．

［23］ 曹翔，张阳，宋林川，等．基于深度报文检测和安全增强的正向隔离装置设计及实现［J］．电力系统自动化．2019（02）．

［24］ 刘以胜．基于应用过滤技术的协议单向网闸系统研究［D］．南京邮电大学．2017．